Duncklenberg/Kamphausen · Speditionsrechnen

Volker Duncklenberg/Rudolf E. Kamphausen

# Speditionsrechnen
mit Prüfungsaufgaben

**GABLER**

Die Deutsche Bibliothek – CIP-Einheitsaufnahme

**Duncklenberg, Volker:**
Speditionsrechnen : mit Prüfungsaufgaben / Volker
Duncklenberg; Rudolf E. Kamphausen. – 1. Aufl. –
Wiesbaden: Gabler, 1992

Der Gabler Verlag ist ein Unternehmen der Verlagsgruppe Bertelsmann International.

© Betriebswirtschaftlicher Verlag Dr. Th. Gabler GmbH, Wiesbaden 1992
Lektorat: Christiane Marcour

Das Werk einschließlich aller seiner Teile ist urheberrechtlich geschützt. Jede Verwertung außerhalb der engen Grenzen des Urheberrechtsgesetzes ist ohne Zustimmung des Verlags unzulässig und strafbar. Das gilt insbesondere für Vervielfältigungen, Übersetzungen, Mikroverfilmungen und die Einspeicherung und Verarbeitung in elektronischen Systemen.

Höchste inhaltliche und technische Qualität ist unser Ziel. Bei der Produktion und Verbreitung unserer Bücher wollen wir die Umwelt schonen: Dieses Buch ist auf säurefreiem und chlorarm gebleichtem Papier gedruckt. Die Einschweißfolie besteht aus Polyethylen und damit aus organischen Grundstoffen, die weder bei der Herstellung noch bei der Verbrennung Schadstoffe freisetzen.

Die Wiedergabe von Gebrauchsnamen, Handelsnamen, Warenbezeichnungen usw. in diesem Werk berechtigt auch ohne besondere Kennzeichnung nicht zu der Annahme, daß solche Namen im Sinne der Warenzeichen- und Markenschutz-Gesetzgebung als frei zu betrachten wären und daher von jedermann benutzt werden dürften.

ISBN 978-3-409-18606-3      ISBN 978-3-322-96518-9 (eBook)
DOI 10.1007/978-3-322-96518-9

# Vorwort

Das vorliegende Buch „Speditionsrechnen mit Prüfungsaufgaben" befaßt sich im Rahmen der Ausbildungsordnung für Speditionskaufleute mit den Tarifen und der Frachtberechnung für:

- Güterfernverkehr (GFT)
- Güternahverkehr (GNT)
- Eisenbahn-Güterverkehr (DEGT)
- Luftfracht (TACT)
- Seeschiffahrt
- Binnenschiffahrt (FTB).

Es führt übersichtlich in die einzelnen Tarife ein, nennt die Frachtberechnungsgrundlagen und Besonderheiten der verschiedenen Verkehrsträger und führt den Auszubildenden anhand ausführlicher Beispiele in die Materie ein.

Der große Vorteil für den Auszubildenden entsteht durch den im Anhang vorhandenen Lösungsteil. So können sie die Aufgaben auch zu Hause nachvollziehen und bei der Prüfungsvorbereitung effektiver arbeiten.

Als Autoren des Buches sind wir für Hinweise auf Irrtümer, Unvollkommenheit und Lücken, aber auch Anregungen im Dialog mit der Leserin und dem Leser dankbar.

*Die Verfasser*

# Inhaltsverzeichnis

**1. Güterfernverkehr** .................................................... 1
  1.1 Grundlagen der Frachtberechnung ................................ 1
  1.2 Frachtberechnung Stückgut ....................................... 1
  1.3 Frachtberechnung Ladungen ....................................... 3
     1.3.1 Alternative Frachtberechnung ............................. 3
     1.3.2 Ungleich tarifierte Güter ................................ 4
     1.3.3 Fehlgewicht .............................................. 5
  1.4 Besondere Vorschriften zur Frachtberechnung ..................... 7
     1.4.1 Sperrige Güter ........................................... 7
     1.4.2 Gebrauchte Packmittel .................................... 8
     1.4.3 Überlänge ................................................ 8
     1.4.4 Isothermzuschlag ......................................... 9
     1.4.5 Schnellieferzuschlag ..................................... 10
     1.4.6 Garantieleistungen ....................................... 12
     1.4.7 Paariger Verkehr ......................................... 12
  1.5 Nebengebühren ................................................... 13
     1.5.1 Nachnahme, verauslagte Zoll- oder Steuerbeträge .......... 13
     1.5.2 Standgeld ................................................ 13
     1.5.3 Leerfahrten .............................................. 13
  1.6 Werbe- und Abfertigungsvergütung ................................ 14

**2. Güternahverkehr** ..................................................... 18
  2.1 Grundlagen der Frachtberechnung ................................. 18
     2.1.1 Frachtberechnung nach Tafel I ............................ 18
     2.1.2 Frachtberechnung nach Tafel II ........................... 20
     2.1.3 Frachtberechnung nach Tafel III .......................... 21
     2.1.4 Frachtberechnung nach Tafel IV ........................... 23
     2.1.5 Frachtberechnung nach Tafel V ............................ 24
  2.2 Besondere Vorschriften zur Frachtberechnung ..................... 26
     2.2.1 Paariger Verkehr ......................................... 26
     2.2.2 Dauervertragsverhältnis .................................. 27
     2.2.3 Erweiterte Margen ........................................ 27
     2.2.4 Zuschläge und Nebengebühren .............................. 28
     2.2.5 Werbe- und Abfertigungsvergütung ......................... 29

**3. Eisenbahn-Güterverkehr** ............................................. 32
  3.1 Frachtberechnung Wagenladung .................................... 32
     3.1.1 Grundlagen der Frachtberechnung .......................... 32

|  |  |  |
|---|---|---|
| | 3.1.2 Rundungsregeln | 33 |
| | 3.1.3 Frachtberechnungsmindestgewichte | 33 |
| | 3.1.4 Alternative Frachtberechnung | 34 |
| 3.2 | Besondere Vorschriften für die Frachtberechnung Wagenladung | 35 |
| | 3.2.1 Eilgut | 35 |
| | 3.2.2 Kühlwagenzuschlag | 36 |
| | 3.2.3 Radioaktive Stoffe | 37 |
| | 3.2.4 Explosive Stoffe und Gegenstände | 38 |
| | 3.2.5 Güter in Sonderzügen | 39 |
| | 3.2.6 Schienenfahrzeuge auf eigenen Rädern | 39 |
| | 3.2.7 Privatwagen | 40 |
| 3.3 | Frachtberechnung Stückgut | 42 |
| | 3.3.1 Grundlagen der Frachtberechnung | 42 |
| | 3.3.2 Rundungsregeln | 42 |
| | 3.3.3 Frachtberechnung | 42 |
| 3.4 | Besondere Vorschriften für die Frachtberechnung Stückgut | 43 |
| | 3.4.1 Sperrige Stückgüter | 43 |
| | 3.4.2 Radioaktive Stoffe | 44 |
| | 3.4.3 Frachtberechnung von Einstücksendungen bis 25 und 30 kg | 44 |
| 3.5 | Frachtberechnung unter Verwendung von Lademitteln | 45 |
| 3.6 | Frachtberechnung bei Ausnahmetarifen | 46 |
| | 3.6.1 Grundlagen der Frachtberechnung | 46 |
| | 3.6.2 Ungleich tarifierte Güter | 47 |
| 3.7 | Hausfrachten | 47 |
| 3.8 | Zwischenortsverkehr/Partiefracht | 48 |
| | 3.8.1 Zwischenortsverkehr | 48 |
| | 3.8.2 Partiefracht | 49 |
| 3.9 | Nebenentgelte für Stückgut und Wagenladungen | 49 |
| | 3.9.1 Lieferwertangabe | 49 |
| | 3.9.2 Nachnahme, Barvorschüsse, vorausgelegte Steuern und Zölle | 50 |

**4. Luftfrachtverkehr** ............................................................. 52
  4.1 Ratengruppen ............................................................. 52
      4.1.1 Allgemeine Luftfrachtraten (General Cargo Rate) ............ 52
      4.1.2 Warenklassenraten (Class Rates) .............................. 53
      4.1.3 Spezialfrachtraten (Specific Commodity Rate) ............... 53
      4.1.4 ULD-Tarife (Unit Load Device Rates) ......................... 53
  4.2 Frachtberechnung ......................................................... 54
      4.2.1 Grundlagen der Frachtberechnung ............................ 54
  4.3 Beispiele der Luftfrachtberechnung ..................................... 55
      4.3.1 Normalraten .................................................... 55
      4.3.2 Mengenrabattraten ............................................ 57
      4.3.3 Mindestfrachtbeträge .......................................... 59
      4.3.4 Berechnung von Warenklassenraten ......................... 60
      4.3.5 Berechnung von Spezialraten ................................. 62

## 5. Seeschiffahrt ... 65
### 5.1 Grundlagen und Faktoren der Frachtberechnung in der Seeschiffahrt ... 65
- 5.1.1 Reine Gewichtsraten ... 65
- 5.1.2 Reine Maßraten ... 65
- 5.1.3 Maß-/Gewichtsraten (M/G) nach Reeders Wahl ... 66
- 5.1.4 Maßstaffel ... 66
- 5.1.5 fob-Wert-Staffel ... 66
- 5.1.6 Zu- und Abschläge auf die Seefracht ... 66
- 5.1.7 Konsekutive Seefrachtberechnung und Berechnung von der Grundfracht ... 67
- 5.1.8 Pauschalraten ... 67
- 5.1.9 Umrechnung der Seefrachtraten in eine andere Währung ... 67

### 5.2 Frachtberechnung ... 67
- 5.2.1 Reine Gewichtsraten ... 67
- 5.2.2 Reine Maßraten ... 68
- 5.2.3 Maß-/Gewichtsraten (M/G) ... 69
- 5.2.4 Maßstaffel ... 70
- 5.2.5 fob-Wert-Staffel ... 71
- 5.2.6 Zu- und Abschläge ... 73
  - 5.2.6.1 Currency Adjustment Factor (CAF) ... 73
  - 5.2.6.2 Bunker Adjustment Factor (BAF) ... 73
  - 5.2.6.3 Congestion Surcharge (CS) ... 74
  - 5.2.6.4 War Risk (WR) ... 74
  - 5.2.6.5 Sofortrabatt (SF) ... 74
- 5.2.7 Erhebungen von der Grundfracht und konsekutive Erhebung ... 76
- 5.2.8 Pauschalfrachten ... 76
- 5.2.9 Schwergewichtszuschlag und Längenzuschlag ... 77
- 5.2.10 Umrechnung der Seefrachtraten in die jeweilige Landeswährung ... 77

## 6. Binnenschiffahrt ... 78
### 6.1 Stückgut- und Partieladungstarif für Rhein und Nebenwasserstraßen für Ladungen bis 300 Tonnen ... 78
- 6.1.1 Grundfrachten ... 78
- 6.1.2 Mindestfrachten ... 78
- 6.1.3 Sperrigkeitszuschläge ... 78
- 6.1.4 Kleinwasserzuschläge ... 79

### 6.2 Frachtberechnung ... 79
- 6.2.1 Grundfrachten des Stückgut- und Partieladungstarif für Rhein und Nebenwasserstraßen für Ladungen bis 300 Tonnen ... 79
- 6.2.2 Berechnung sperriger Sendungen ... 80
- 6.2.3 Berechnung mit Kleinwasserzuschlag ... 81

## Lösungen ... 83

## Stichwortverzeichnis ... 109

# 1. Güterfernverkehr

Die Frachtberechnung im Güterfernverkehr erfolgt nach dem Güterfernverkehrstarif (GFT).

Der GFT ist ein Margentarif **(Marge von -10% bis +10%)**, und ist zwingend anzuwenden. Seine Sätze dürfen weder über- noch unterschritten werden.

## 1.1 Grundlagen der Frachtberechnung

Zur Frachtberechnung benötigt man:
1. Vorschriften für die Frachtberechnung
2. Gütereinteilung
3. Tarifentfernungen
4. Frachtentafel und Frachtsätze
5. Nebengebührentarif
6. Ausnahmetarife
7. Tarifbestimmungen für die Beförderung von Militärgütern.

Die Fracht wird nach dem Gewicht in Kilogramm berechnet:
- bis 1000 kg auf volle Kilogramm aufrunden
  (485,2 kg = 486 kg)
- ab 1000 kg auf volle 100 kg aufrunden
  (1001 kg = 1100 kg)

Die sich aus den Frachttafeln und Frachtsatzzeigern errechneten Frachten sind Nettoentgelte, denen die Mehrwertsteuer hinzuzurechnen ist.

Das Eigengewicht von beladenen Ladegefäßen (Paletten, Container, Wechselaufbauten usw.) ist nicht frachtpflichtig, wenn es getrennt im Frachtbrief angegeben wird.

## 1.2 Frachtberechnung Stückgut

Die Fracht für Stückgut wird nach der Frachtentafel und dem Frachtsatzzeiger für Stückgut berechnet. Hierbei geht man mit dem frachtpflichtigen Gewicht und der Entfernung in die Tabelle. Bis 1000 kg kann man die Nettofracht direkt aus der Frachtentafel ablesen.

**Beispiel:**
750 kg Stückgut, Tarifentfernung 330 km

| | |
|---|---:|
| aus der Frachtentafel entnommene Fracht | 206,90 DM |
| + 14% MwSt. | 28,97 DM |
| Frachtrechnungsbetrag | 235,87 DM |

Ab 1001 kg geht man in die Spalte Frachtsätze für mehr als 1000 kg und entnimmt den Frachtsatz pro 100 kg. Diesen multipliziert man mit dem durch Hundert geteilten frachtpflichtigen Gewicht und erhält so die Nettofracht.

**Beispiel:**
1100 kg Stückgut, Tarifentfernung 870 km

| | | |
|---|---|---:|
| entnommener Frachtsatz 37,48 DM für 100 kg | | |
| Frachtberechnung | 37,48 DM x 11 | 412,28 DM |
| + 14% MwSt. | | 57,72 DM |
| Frachtrechnungsbetrag | | 470,00 DM |

Ergibt sich für Stückgutsendungen mit einem frachtpflichtigen Gewicht von mehr als 1000 kg nach den Frachtberechnungsvorschriften für Ladungen eine niedrigere Fracht, so wird diese berechnet.

**Beispiel:**
3510 kg Stückgut (Güterklasse A/B), Tarifentfernung 730 km, Plusmarge 10%.

**a) Frachtsatzzeiger Stückgut:**
  3510 kg = 3600 kg frachtpflichtiges Gewicht
  entnommener Frachtsatz    34,96 DM für 100 kg
  Frachtberechnung          34,96 DM x 36          1258,56 DM
  + 10% Marge                                       125,86 DM
  Nettofracht                                      1384,42 DM
  + 14% MwSt.                                       193,82 DM
  Frachtrechnungsbetrag                            1578,24 DM

**b) Frachtsatzzeiger Ladung:**
  Berechnung nach dem 5-t-Satz, Mindestgewicht 5000 kg
  Frachtsatz (A/B-Gut 5-t-Satz) = 23,89 DM für 100 kg
  Frachtberechnung          23,89 DM x 50          1194,50 DM
  + 10% Marge                                       119,45 DM
  Nettofracht                                      1313,95 DM
  + 14% MwSt.                                       183,95 DM
  Frachtrechnungsbetrag                            1497,90 DM

Die Frachtberechnung nach dem 5-t-Satz ist günstiger und damit dem Auftraggeber zu berechnen.

**Übungsaufgaben**

Ermitteln Sie die Fracht für nachstehende Aufgaben:

| | | | | |
|---|---|---|---|---|
| 1) | 155 kg | – | 234 km | |
| 2) | 395 kg | – | 402 km | – Minusmarge 10% |
| 3) | 985 kg | – | 942 km | – Plusmarge 5% |
| 4) | 1728 kg | – | 1010 km | |
| 5) | 1225 kg | – | 652 km | – Plusmarge 10% |
| 6) | 525 kg | – | 733 km | |
| 7) | 3420 kg (E-Gut) | – | 910 km | – Minusmarge 10% |
| 8) | 2930 kg (F-Gut) | – | 1325 km | |
| 9) | 76 kg | – | 526 km | |
| 10) | 583 kg | – | 530 km | – Minusmarge 5% |

## 1.3 Frachtberechnung Ladungen

Die Güter sind in die Ladungsklassen A/B und die ermäßigten Klassen E und F eingestuft. Waren, die nicht in der Gütereinteilung genannt sind, fallen unter die Ladungsklasse A/B.

Die Fracht für Ladungen wird nach dem Frachtsatzzeiger für:
- Güter der Ladungsklassen, ausgenommen bei Beförderung in Silo- und Tankfahrzeugen, oder
- Güter der Ladungsklassen bei Beförderungen in Silo- und Tankfahrzeugen

berechnet.

Es bestehen folgende **Gewichtsklassen**, mit deren **Mindestgewichten**:

| | |
|---|---|
| 26-t-Gewichtsklasse | Mindestgewicht 26000 kg |
| 25-t-Gewichtsklasse | Mindestgewicht 25000 kg |
| 24-t-Gewichtsklasse | Mindestgewicht 24000 kg |
| 23-t-Gewichtsklasse | Mindestgewicht 23000 kg |
| 20-t-Gewichtsklasse | Mindestgewicht 20000 kg |
| 15-t-Gewichtsklasse | Mindestgewicht 15000 kg |
| 10-t-Gewichtsklasse | Mindestgewicht 10000 kg |
| 5-t-Gewichtsklasse | Mindestgewicht  5000 kg |

**Beispiel:**
4810 kg A/B-Gut wird über eine Strecke von 265 km befördert.
Berechnung nach dem 5-t-Satz, Mindestgewicht 5000 kg
Frachtsatz (A/B-Gut, 5-t-Satz) = 12,81 DM für 100 kg
Frachtberechnung:                12,81 x 50                640,50 DM
+ 14% MwSt.                                                 89,67 DM
Frachtrechnungsbetrag                                      730,17 DM

Die 23-, 24-, 25- und 26-t-Gewichtsklassen finden keine Anwendung bei Güterbeförderungen
a) in Isothermfahrzeugen bei Berechnung des Zuschlages
b) als Teilladungen (d.h., daß die Sendung auf mehrere Fahrzeuge oder Lastzüge verteilt wird).

Wird der Einsatz eines Fahrzeugs vereinbart, dessen Nutzlast nicht voll in Anspruch genommen wird, so darf die Fracht nach einem höheren Gewicht als dem wirklichen, höchstens nach der Nutzlast des Fahrzeugs berechnet werden.

### 1.3.1 Alternative Frachtberechnung

Liegt das frachtpflichtige Gewicht zwischen zwei Gewichtsklassen, so wird die Fracht nach beiden Gewichtsklassen berechnet, wobei aber dann der niedrigere Frachtbetrag abgerechnet wird.

**Beispiele:**
1. Eine Sendung von 7750 kg A-Gut soll über eine Entfernung von 528 km transportiert werden.

a) **5-t-Satz:** 7750 kg = 7800 kg frachtpflichtiges Gewicht
Frachtsatz (A-Gut, 5-t-Satz) = 20,28 DM für 100 kg
Frachtberechnung:                20,28 DM x 78          1581,84 DM

b) **10-t-Satz:** 7750 kg = 10000 kg Mindestgewicht
Frachtsatz (A-Gut, 10-t-Satz) = 16,41 DM für 100 kg
Frachtberechnung:                16,41 DM x 100         1641,00 DM

Es wird zum günstigeren **5-t-Satz** abgerechnet        1581,84 DM
+ 14% MwSt.                                              221,46 DM
Frachtrechnungsbetrag                                   1803,30 DM

2. Über eine Entfernung von 1130 km sollen 18845 kg A/B-Gut befördert werden.

a) **15-t-Satz:** 18845 kg = 18900 kg frachtpflichtiges Gewicht
Frachtsatz (A/B-Gut, 15-t-Satz) = 18,00 DM für 100 kg
Frachtberechnung:                18,00 DM x 189         3402,00 DM

b) **20-t-Satz:** 18845 kg = 20000 kg Mindestgewicht
Frachtsatz (A/B-Gut, 20-t-Satz) = 16,27 DM für 100 kg
Frachtberechnung:                16,27 DM x 200         3254,00 DM

Es wird zum günstigeren **20-t-Satz** abgerechnet       3254,00 DM
+ 14% MwSt.                                              455,56 DM
Frachtrechnungsbetrag                                   3709,56 DM

Für eine Sendung von weniger als 5000 kg wird die Fracht nach Stückgut - mindestens für 2000 kg - berechnet, wenn sich hierbei eine billigere Fracht ergibt als für 5000 kg nach dem 5-t-Frachtsatz.

**Beispiel:**
Eine Sendung von 2315 kg F-Gut soll über eine Entfernung von 724 km befördert werden.

a) **Frachtsatzzeiger Ladung**
Berechnung nach 5-t-Satz F-Gut: 2315 = 5000 kg Mindestgewicht
Frachtsatz (5-t-Satz, F-Gut) = 19,73 DM für 100 kg
Frachtberechnung:                19,73 DM x 50           986,50 DM

b) **Frachtsatzzeiger Stückgut**
2315 kg = 2400 kg frachtpflichtiges Gewicht
Frachtsatz                       34,96 DM für 100 kg
Frachtberechnung:                34,96 DM x 24           839,04 DM

Es wird zum günstigeren Frachtsatz für **Stückgut** abgerechnet.

Fracht                                                   839,04 DM
+ 14% MwSt.                                              117,47 DM
Frachtrechnungsbetrag                                    956,51 DM

## 1.3.2 Ungleich tarifierte Güter

Besteht eine Ladung aus Gütern verschiedener Ladungsklassen (ungleich tarifierte Güter) und ist das Gewicht **nicht** getrennt angegeben, so wird die gesamte Ladung nach dem Frachtsatz des höchsttarifierten Gutes berechnet.

**Beispiel:**
Es sollen 10230 kg Güter der Klassen A/B, E und F über eine Entfernung von 346 km befördert werden.
Frachtberechnung nach 10-t-Satz A/B-Gut (höchsttarifiertes Gut)
10-t-Satz: 10230 kg = 10300 kg frachtpflichtiges Gewicht
Frachtsatz (A/B-Gut, 10-t-Satz) = 12,64 DM für 100 kg

| | | |
|---|---|---|
| Frachtberechnung: | 12,64 DM x 103 | 1301,92 DM |
| + 14% MwSt. | | 182,27 DM |
| Frachtrechnungsbetrag | | 1484,19 DM |

Ist das Gewicht der Güter getrennt angegeben, so wird die Fracht für die **einzelnen** auf 100 kg aufgerundeten Teilgewichte nach den Frachtsätzen der für das Gesamtgewicht der Sendung anzuwendenden Gewichtsklasse berechnet.

**Beispiel:**
Über eine Entfernung von 620 km sollen 7810 kg A/B-Gut, 9220 kg E-Gut und 2812 kg F-Gut befördert werden.

7810 kg A/B-Gut = 7900 kg frachtpflichtiges Gewicht
9220 kg E-Gut   = 9300 kg frachtpflichtiges Gewicht
2812 kg F-Gut   = 2900 kg frachtpflichtiges Gewicht
                 20100 kg

| | | |
|---|---|---|
| Frachtsätze **20-t-Satz**: A/B-Gut = 12,66 DM x 79 | | 1000,14 DM |
| E-Gut = 11,97 DM x 93 | | 1113,21 DM |
| F-Gut = 10,45 DM x 29 | | 303,05 DM |
| Gesamtfracht | | 2416,40 DM |
| + 14% MwSt. | | 338,30 DM |
| Frachtrechnungsbetrag | | 2754,70 DM |

### 1.3.3 Fehlgewicht

Erreicht die Summe der einzelnen auf 100 kg aufgerundeten Teilgewichte nicht das vorgeschriebene Mindestgewicht, so wird das fehlende Gewicht dem Teilgewicht des Gutes zugeschlagen, das dem Gewicht nach überwiegt, bei gleichen Teilgewichten dem des höchsttarifierten Gutes.

**Beispiele:**
1. Es sollen 8743 kg A/B-Gut und 9765 kg E-Gut über eine Entfernung von 649 km befördert werden.

a) Frachtberechnung nach **20-t-Satz**
   8743 kg A/B-Gut =   8800 kg
   9765 kg E-Gut   =   9800 kg + **Fehlgewicht 1400 kg** = 11200 kg
                      18600 kg
   **Fehlgewicht**     1400 kg
                      20000 kg

| | |
|---|---|
| Frachtsätze 20-t-Satz : A/B-Gut 13,06 DM x 88 | 1149,28 DM |
| E-Gut 12,36 DM x 112 | 1384,32 DM |
| | 2533,60 DM |

b) Frachtberechnung nach **15-t-Satz**

| | |
|---|---|
| Frachtsatz: A/B-Gut = 14,45 DM x 88 | 1271,60 DM |
| E-Gut = 13,67 DM x 98 | 1339,66 DM |
| | 2611,26 DM |

```
        Es wird zum günstigeren 20-t-Satz abgerechnet        2533,60 DM
        + 14% MwSt.                                           354,70 DM
        Frachtrechnungsbetrag                                2888,30 DM
```

2. Im Güterfernverkehr sollen 7350 kg E-Gut und 7350 kg F-Gut über eine Entfernung von 155 km transportiert werden.

```
   7350 kg E-Gut =  7400 kg + Fehlgewicht 200 kg = 7600 kg
   7350 kg F-Gut =  7400 kg
                   14800 kg
   Fehlgewicht      200 kg
                   15000 kg

   Frachtsätze 15-t-Satz: E-Gut 5,18 DM x 76        393,68 DM
                          F-Gut 4,52 DM x 74        334,48 DM
   Gesamtfracht                                     728,16 DM
   + 14% MwSt.                                      101,94 DM
   Frachtrechnungsbetrag                            830,10 DM
```

Bei Gütern verschiedener Ladungsklassen oder Ausnahmetarifen mit gleich hohen Frachtsätzen werden die Gewichte vor Aufrundung zusammengezählt. Sind die Gewichte von Gütern der gleichen Ladungsklasse mehrmals einzeln aufgeführt, so werden auch diese vor Aufrundung zusammengezählt.

**Beispiele:**
1. Es werden über eine Entfernung von 57 km 4910 kg A/B-Gut und über eine Strecke von 64 km 5020 kg E-Gut befördert.

```
   Frachtsätze 10-t-Satz: A/B-Gut 3,40 DM für 100 kg
                          E-Gut   3,40 DM für 100 kg

   frachtpflichtiges Gewicht: A/B-Gut 4910 kg
                              E-Gut   5020 kg
                                      9030 kg = 9100 kg
   Berechnung nach dem 10-t-Satz
   Frachtberechnung: 100 (Mindestgewicht) x 3,40 DM     340,00 DM
   + 14% MwSt.                                           47,60 DM
   Frachtrechnungsbetrag                                387,60 DM
```

2. Es sollen 6081 kg Glasgranulat (F-Gut), 8765 kg Flechsen (F-Gut) und 5398 kg Fließpappe (A/B-Gut) über eine Entfernung von 1165 km befördert werden.

```
   frachtpflichtiges Gewicht: F-Gut   6081 kg
                                      8765 kg
                                     14846 kg = 14900 kg
                      A/B-Gut         5398 kg =  5400 kg
                                     20300 kg

   Frachtsätze 20-t-Satz: F-Gut   13,70 DM für 100 kg
                          A/B-Gut 16,59 DM für 100 kg

   Frachtberechnung: A/B-Gut 16,59 DM x 54         895,86 DM
                     F-Gut   13,70 DM x 149       2041,30 DM
   Gesamtfracht                                   2937,16 DM
   + 14% MwSt.                                     411,20 DM
   Frachtrechnungsbetrag                          3348,36 DM
```

**Übungsaufgaben**

Ermitteln Sie die Fracht für nachstehende Aufgaben:

| | | | | | | |
|---|---|---|---|---|---|---|
| 11) | 9563 kg | A/B-Gut | - | 896 km | - | Minusmarge 5% |
| 12) | 12350 kg | F-Gut | - | 1120 km | | |
| 13) | 2513 kg | A/B-Gut | - | 763 km | - | Minusmarge 10% |
| | 3330 kg | F-Gut | | | | |
| | 4921 kg | F-Gut | | | | |
| | 3990 kg | E-Gut | | | | |
| 14) | 13556 kg | A/B-Gut | - | 585 km | | |
| | 1145 kg | E-Gut | | | | |
| | 2130 kg | F-Gut | | | | |
| 15) | 10050 kg | E-Gut | - | 962 km | - | Plusmarge 10% |
| | 11136 kg | F-Gut | | | | |

## 1.4 Besondere Vorschriften zur Frachtberechnung

### 1.4.1 Sperrige Güter

Liegt das Gewicht der Stückgutsendung unter 150 kg je Kubikmeter, so ist der Frachtberechnung ein Gewicht von 1,5 kg je **angefangene 10 dm$^3$** zugrunde zu legen.

**Beispiele:**
1. Eine Stückgutsendung mit einem Gewicht von 591 kg und den Maßen 230 cm x 190 cm x 100 cm soll über eine Entfernung von 711 km befördert werden.

   frachtpflichtiges Gewicht:
   230 cm x 190 cm x 100 cm = 4370000 cm$^3$ = 4370 dm$^3$
   4370 dm$^3$ : 10 = 437 x 1,5 = 655,5 kg = 656,0 kg

   Frachtberechnung:
   656 kg/711 km aus Frachtentafel entnommene Fracht    298,10 DM
   + 14% MwSt.                                           <u>41,73 DM</u>
   Frachtrechnungsbetrag                                 <u>339,83 DM</u>

2. Es sollen über eine Entfernung von 97 km folgende Frachtstücke als eine Stückgutsendung befördert werden:

   1. Frachtstück: 222 kg - 18 dm x 13 dm x 7 dm
   2. Frachtstück: 614 kg - 24 dm x 15 dm x 13 dm

   frachtpflichtiges Gewicht:
   1. Frachtstück = 18 dm x 13 dm x 7 dm = 1638 dm$^3$ : 10 = 163,8 = 164
   164 x 1,5 kg = 246 kg
   2. Frachtstück = 24 dm x 15 dm x 13 dm = 4680 dm$^3$ : 10 = 468
   468 x 1,5 kg = 702 kg

   Frachtberechnung:
   246 kg + 702 kg = 948 kg
   948 kg/97 km aus Frachtentafel entnommene Fracht     109,70 DM
   + 14% MwSt.                                           <u>15,36 DM</u>
   Frachtrechnungsbetrag                                 <u>125,06 DM</u>

3. Über eine Entfernung von 399 km soll eine Stückgutsendung mit einem Gewicht von 476 kg und den Maßen 210 cm x 150 cm x 80 cm befördert werden.

frachtpflichtiges Gewicht:
210 x 150 x 80 cm = 2520000 cm$^3$ = 2520 dm$^3$ : 10 = 252
252 x 1,5 kg = 378 kg
frachtpflichtiges Gewicht = 476 kg da höher als Volumengewicht.

Frachtberechnung:
| | |
|---|---:|
| 476 kg/399 km aus Frachtentafel entnommene Fracht | 169,60 DM |
| + 14% MwSt. | 23,74 DM |
| Frachtrechnungsbetrag | 193,34 DM |

### 1.4.2 Gebrauchte Packmittel

Für gebrauchte Packmittel als Stückgut - auch für sperrige Packmittel - wird die Fracht für das halbe Bruttogewicht berechnet, wenn die hiermit verpackten Güter innerhalb eines Jahres vor Aufgabe der Packmittel im Güterfernverkehr mit Kraftfahrzeugen befördert worden sind.

**Beispiele:**
1. Eine Sendung "gebrauchte Packmittel" mit einem Bruttogewicht von 1663 kg wird über eine Entfernung von 478 km befördert.

   frachtpflichtiges Gewicht: 1663 kg : 2 = 831,50 kg = 832,00 kg

   Frachtberechnung:
   | | |
   |---|---:|
   | 832 kg/478 km aus Frachtentafel entnommene Fracht | 289,10 DM |
   | + 14% MwSt. | 40,47 DM |
   | Frachtrechnungsbetrag | 329,57 DM |

2. Über eine Entfernung von 133 km sollen sperrige gebrauchte Packmittel mit einem Gewicht von 719 kg und den Maßen 29 dm x 23 dm x 14 dm befördert werden.

   frachtpflichtiges Gewicht: 719 kg : 2 = 359,50 kg = 360,00 kg
   (auch bei sperrigen Packmitteln)

   Frachtberechnung:
   | | |
   |---|---:|
   | aus der Frachtentafel entnommene Fracht | 66,60 DM |
   | + 14% MwSt. | 9,32 DM |
   | Frachtrechnungsbetrag | 75,92 DM |

### 1.4.3 Überlänge

Bei Gütern, die als Stückgut aufgegeben werden und deren Länge die Ladelänge des gestellten Fahrzeuges um mehr als 15% überschreitet, wird die Fracht für mindestens 1000 kg berechnet.

**Beispiel:**
Eine Sendung von 414 kg Stückgut mit einer Länge von 12 m soll auf einem Fahrzeug mit 10 m Ladelänge über eine Strecke von 721 km befördert werden.

```
Frachtberechnung: Mindestgewicht = 1000 kg
aus der Frachtentafel entnommene Fracht          384,60 DM
+ 14% MwSt.                                       53,84 DM
Frachtrechnungsbetrag                            438,44 DM
```

**Übungsaufgaben**

Ermitteln Sie die Fracht für die nachstehenden Aufgaben:

16) 600 km   -   483 kg   -   220 cm x 180 cm x 100 cm

17) 888 km   -   zwei Frachtstücke
                 317 kg   -   19 dm x 17 dm x 8 dm
                 685 kg   -   29 dm x 16 dm x 10 dm

18) 123 km   -   515 kg   -   180 cm x 140 cm x 110 cm

19) 632 km   -   2115 kg gebrauchte Packmittel

20) 498 km   -   719 kg (Länge = 14 m) auf einem LKW mit einer
                 Ladelänge von 12 m


### 1.4.4 Isothermzuschlag

Werden Lebensmittel im gefrorenen Zustand oder frisches Fleisch in Isothermfahrzeugen befördert, so wird neben der Fracht ein Zuschlag erhoben.

a) **15%** der Fracht, wenn keine Kühl- oder Wärmeleistungen vereinbart werden,

b) mindestens **20%**, höchstens **40%** der Fracht, wenn Kühl- oder Wärmeleistungen vereinbart werden.

Die Vereinbarung des Zuschlags ist im Frachtbrief extra auszuweisen.

**Grundlage für die Berechnung des Zuschlags ist die vereinbarte tarifmäßige Fracht (Grundfracht bzw. Maximal- oder Minimalfracht). Die 23-, 24-, 25-, und 26-t-Gewichtsklassen finden bei der Beförderung in Isothermfahrzeugen keine Anwendung.**

**Beispiele:**
1. Eine Sendung von 24200 kg A/B-Gut soll in einem Isothermfahrzeug über eine Entfernung von 612 km befördert werden. Vereinbarte Plusmarge 10%. Kühlleistungen wurden nicht vereinbart.

```
Frachtsatz (A/B-Gut, 20-t-Satz) = 12,66 DM für 100 kg
Frachtberechnung:       242 x 12,66 DM        3063,72 DM
+ 10% Marge                                    306,37 DM
Zwischensumme                                 3370,09 DM
+ 15% Isothermzuschlag von 3370,09 DM          505,51 DM
Nettofracht                                   3875,60 DM
+ 14% MwSt.                                    542,58 DM
Frachtrechnungsbetrag                         4418,18 DM
```

2. Über eine Entfernung von 546 km sollen 15110 kg E-Gut in einem Isothermfahrzeug befördert werden. Vereinbarte Minusmarge 5%, Zuschlag für Kälteleistungen +30%.

```
frachtpflichtiges Gewicht: 15110 kg = 15200 kg
Frachtsatz: (E-Gut, 15-t-Satz) = 12,48 DM für 100 kg
Frachtberechnung:          152 x 12,48 DM          1896,96 DM
- 5% Marge                                           94,85 DM
Zwischensumme                                      1802,11 DM
+ 30% Isothermzuschlag von 1802,11 DM               540,63 DM
Nettofracht                                        2342,74 DM
+ 14% MwSt.                                         327,98 DM
Frachtrechnungsbetrag                              2670,72 DM
```

3. Im Güterfernverkehr sollen 2785 kg Tomaten (F-Gut), 9735 kg Radieschen (F-Gut) über eine Entfernung von 932 km befördert werden. Es wird eine Plusmarge von 8% und ein Zuschlag für Kälteleistungen von +40% vereinbart.

```
frachtpflichtiges Gewicht: F-Gut 2785 kg
                           F-Gut 9735 kg
                                12520 kg = 12600 kg
```

a) **10-t-Satz** (frachtpflichtiges Gewicht = 12600 kg)
   Frachtsatz (F-Gut, 10-t-Satz) = 17,43 DM für 100 kg
   Frachtberechnung:          17,43 DM x 126        2196,18 DM

b) **15-t-Satz** (Mindestgewicht = 15000 kg)
   Frachtsatz (F-Gut, 15-t-Satz) = 13,72 DM für 100 kg
   Frachtberechnung:          13,72 DM x 150        2058,00 DM

   Die Frachtberechnung nach dem **15-t-Satz** ist günstiger.

```
c) Grundfracht (15-t-Satz)                         2058,00 DM
   + 8% Marge                                        164,64 DM
   Zwischensumme                                    2222,64 DM
   + 40% Isothermzuschlag von 2222,64 DM             889,06 DM
   Nettofracht                                      3111,70 DM
   + 14% MwSt.                                       435,64 DM
   Frachtrechnungsbetrag                            3547,34 DM
```

## 1.4.5 Schnellieferzuschlag

Die normale Lieferfrist im Güterfernverkehr beträgt 24 Stunden je angefangene 300 km Tarifentfernung. Die Vereinbarung einer bestimmten Ablieferungsstunde ist unzulässig. Der Zuschlag beträgt bei einer vereinbarten Verkürzung der Lieferfrist **bis auf 18 Stunden** je angefangene 300 km **25%** der Tariffracht, bei einer vereinbarten Verkürzung der Lieferfrist **bis** auf **12 Stunden** je angefangene 300 km **50%** der Tariffracht.

**Grundlage für die Berechnung des Zuschlags ist die vereinbarte tarifmäßige Fracht (Grundfracht bzw. Maximal- oder Minimalfracht).**

**Beispiele:**
1. 10100 kg Elektromaterial (A/B-Gut) sollen im Güterfernverkehr befördert werden. Marge +10%, Lieferfristverkürzung auf 36 Stunden bei 412 Tarifkilometern sind vereinbart.

```
   10-t-Satz (frachtpflichtiges Gewicht 10100 kg)
   Frachtsatz (A/B-Gut, 10-t-Satz) = 14,10 DM
   Frachtberechnung: 101 x 14,10 DM                 1424,10 DM
   + 10% Marge                                       142,41 DM
   Zwischensumme                                    1566,51 DM
```

| | |
|---|---|
| + 25% Schnellieferzuschlag **von 1566,51 DM** | 391,63 DM |
| Nettofracht | 1958,14 DM |
| + 14% MwSt. | 274,14 DM |
| Frachtrechnungsbetrag | 2232,28 DM |

2. Über eine Entfernung von 666 km werden 19467 kg Pflanzenbehandlungsmittel (E-Gut) befördert. Es ist eine Minusmarge von 10% und eine Lieferfristverkürzung auf 36 Stunden vereinbart worden.

**20-t-Satz** (frachtpflichtige Gewicht 19500 kg)
Frachtsatz (E-Gut, 20-t-Satz) = 12,55 DM

| | |
|---|---|
| Frachtberechnung: 195 x 12,55 DM | 2447,25 DM |
| - 10% Marge | 244,73 DM |
| Zwischensumme | 2202,52 DM |
| + 50% Schnellieferzuschlag **von 2202,52 DM** | 1101,26 DM |
| Nettofracht | 3303,78 DM |
| + 14% MwSt. | 462,53 DM |
| Frachtberechnungsbetrag | 3766,31 DM |

Sind Schnellieferzuschlag und Isothermzuschlag zu berechnen, müssen beide Zuschläge von der tarifmäßigen Fracht (Grundfracht bzw. Maximal- oder Minimalfracht) berechnet werden.

**Beispiel:**
Im Güterfernverkehr sollen 23000 kg F-Gut über eine Strecke von 500 km in einem Isothermfahrzeug befördert werden. Es ist eine Marge von -7,5% und eine Lieferfristverkürzung auf 36 Stunden vereinbart. Eine Kühlleistung wurde nicht vereinbart.

Berechnung nach dem 20-t-Satz
Frachtsatz (F-Gut, 20-t-Satz) = 9,22 DM für 100 kg

| | |
|---|---|
| Frachtberechnung: 230 x 9,22 DM | 2120,60 DM |
| - 7,5% Marge | 159,05 DM |
| Zwischensumme | 1961,55 DM |
| + 15% Isothermzuschlag **von 1961,55 DM** | 294,23 DM |
| + 25% Schnellieferzuschlag **von 1961,55 DM** | 490,39 DM |
| Nettofracht | 2746,17 DM |
| + 14% MwSt. | 384,46 DM |
| Frachtrechnungsbetrag | 3130,63 DM |

**Übungsaufgaben**

Ermitteln Sie die Fracht für nachstehende Aufgaben:

21) Eine Sendung von 23000 kg A/B-Gut wird in einem Isothermfahrzeug über eine Entfernung von 905 km befördert. Kühlleistungen wurden nicht vereinbart. Vereinbarte Marge +10%.

22) Es werden 19820 kg E-Gut in einem Isothermfahrzeug über eine Entfernung von 619 km transportiert. Es wird ein Zuschlag für Kühlleistungen von +40% vereinbart.

23) Es werden 9920 kg A/B-Gut über eine Entfernung von 226 km befördert. Es wird eine Minusmarge von 10% und eine Lieferfristverkürzung auf 18 Stunden je 300 km vereinbart.

24) Über eine Entfernung von 413 km werden 14995 kg Elektroartikel (A/B-Gut) befördert. Es wird eine Lieferfristverkürzung auf 12 Stunden je 300 km vereinbart.

25) Im Güterfernverkehr werden 4896 kg E-Gut über eine Entfernung von 379 km in einem Isothermfahrzeug befördert. Es wird eine Plusmarge von 10% und eine Lieferfristverkürzung auf 36 Stunden vereinbart. Eine Kühlleistung wurde nicht vereinbart.

### 1.4.6  Garantieleistungen

Verpflichtet sich der Absender gegenüber dem Unternehmer zu einer Beschäftigungs- und Umsatzgarantie einschließlich einer etwaigen Organisation des Fahrzeugeinsatzes (Garantieleistungen), so kann das Beförderungsentgelt um weitere 3,75% ermäßigt werden (Nr. 24 VfdF). Hierbei ist darauf zu achten, daß erst von dem jeweils um die allgemeine Marge ermäßigten Beförderungsentgelt die 3,75%ige Ermäßigung gewährt werden darf.

**Beispiel:**
Eine Sendung der Ladungsklasse A/B mit einem Gewicht von 23 t soll über eine Entfernung von 1025 km befördert werden. Es wird eine Minusmarge von 10% vereinbart. Der Absender hat sich darüber hinaus zu Garantieleistungen verpflichtet.

Berechnung nach dem 23-t-Satz
Frachtsatz (A/B-Gut, 23-t-Satz) = 14,47 DM für 100 kg

| | | |
|---|---|---|
| Frachtberechnung: | 230 x 14,47 DM | 3328,10 DM |
| - 10% Marge | | 332,81 DM |
| Zwischensumme | | 2925,29 DM |
| - 3,75% Garantieleistung **von 2925,29 DM** | | 112,32 DM |
| Nettofracht | | 2882,97 DM |
| + 14% MwSt. | | 403,62 DM |
| Frachtrechnungsbetrag | | 3286,59 DM |

### 1.4.7  Paariger Verkehr

Werden zwischen demselben Absender und demselben Unternehmer paarige Verkehre (Hin- und Rückfahrten) vereinbart, so kann bei Frachtberechnung für mindestens jeweils 15000 kg A/B-Gut je Sendung die Fracht bei Tarifentfernungen **von 151 km bis 500 km** bis zu **8%** und **ab 501 km** bis zu **4%** ermäßigt werden. Die Ermäßigung ist von der vereinbarten Fracht nach dem GFT zu errechnen.

**Beispiel:**
Es sollen 24 t F-Gut über eine Entfernung von 255 km im Güterfernverkehr befördert werden. Es wird eine Minusmarge von 5% und paariger Verkehr vereinbart.

Berechnung nach dem 24-t-Satz
Frachtsatz (F-Gut, 24-t-Satz) = 5,30 DM für 100 DM

| | | |
|---|---|---|
| Frachtberechnung: | 240 x 5,30 DM | 1272,00 DM |
| - 5% Marge | | 63,60 DM |
| Zwischensumme | | 1208,40 DM |
| - 8% Paarigkeitsermäßigung **von 1208,40 DM** | | 96,67 DM |
| Nettofracht | | 1111,73 DM |
| + 14% MwSt. | | 155,64 DM |
| Frachtrechnungsbetrag | | 1267,37 DM |

Werden Garantieleistungen und paariger Verkehr vereinbart, so wird die Ermäßigung für den paarigen Verkehr von der um die Garantieleistung verringerte Fracht berechnet.

**Beispiel:**
Im Güterfernverkehr sollen 15 t E-Gut über eine Entfernung von 703 km befördert werden. Es wird eine Minusmarge von 10% und paariger Verkehr vereinbart. Der Absender hat sich darüber hinaus zu Garantieleistungen verpflichtet.

```
Berechnung nach dem 15-t-Satz
Frachtsatz (E-Gut, 15-t-Satz) = 14,26 DM für 100 kg
Frachtberechnung:        150 x 14,26 DM            2139,00 DM
- 10% Marge                                         213,90 DM
Zwischensumme                                      1925,10 DM
- 3,75% Garantieleistung von 1925,10 DM              72,19 DM
Zwischensumme                                      1852,91 DM
- 4% Paarigkeitsermäßigung von 1852,91 DM            74,12 DM
Nettofracht                                        1778,79 DM
+ 14% MwSt.                                         249,03 DM
Frachtrechnungsbetrag                              2027,82 DM
```

## 1.5 Nebengebühren

### 1.5.1 Nachnahme, verauslagte Zoll- oder Steuerbeträge

Der Spediteur kann folgende Gebühren erheben:
```
Bei einem Betrag bis    100 DM: 1 Prozent, mindestens 0,30 DM
                 bis   1000 DM: 5 Promille, mindestens 1,00 DM
                 über  1000 DM: 2 Promille, mindestens 5,00 DM.
```

### 1.5.2 Standgeld

Das Standgeld je angefangene Stunde beträgt:
```
bei einer Nutzlast bis zu             10 t              40 DM
bei einer Nutzlast von mehr als       10 t bis 15 t     41 DM
bei einer Nutzlast von mehr als       15 t bis 20 t     46 DM
bei einer Nutzlast von mehr als       20 t              48 DM.
```

### 1.5.3 Leerfahrten

Für Leerfahrten dürfen Leerkilometergebühren vereinbart werden. Bei der Berechnung bleiben 20 km je Leerfahrt außer Ansatz.

Leerkilometersätze je Leerkilometer:
```
bei einer Nutzlast bis zu             10 t            1,20 DM
bei einer Nutzlast von mehr als       10 t bis 15 t   1,40 DM
bei einer Nutzlast von mehr als       15 t bis 20 t   1,60 DM
bei einer Nutzlast von mehr als       20 t            1,80 DM.
```

## 1.6 Werbe- und Abfertigungsvergütung

Der Abfertigungsspediteur erhält von dem Unternehmer des Güterfernverkehrs eine Werbe- und Abfertigungsvergütung für Leistungen, die er dem Unternehmer des Güterfernverkehrs regelmäßig erbringt. Grundlage der Berechnung der Vergütung ist das tarifmäßige Nettobeförderungsentgelt. Auch Zuschläge und Nebengebühren werden in die WAV-Berechnung miteinbezogen.

Zum Ausgleich der mit einer Vorausbezahlung der Fracht (Frachtvorlage) verbundenen zusätzlichen Kosten erhält der Spediteur vom Unternehmer des Güterfernverkehrs eine Vergütung von bis zu 0,5%.

| WAV-Sätze ab 01. Mai 1988 | | | |
|---|---|---|---|
| Bei Frachtberechnung nach | für Entfernungen | | |
| | bis zu 300 km | von 301 bis 600 km | von 601 km und mehr |
| | - bis zu (in Prozent) - | | |
| Stückgutsätzen, Ladungsklasse A/B, Tarifbestimmungen für die Beförderung bestimmter Walzwerkerzeugnisse | 10 | 9 | 8 |
| Sonderfrachtsätze der Ausnahmetarife | 4,5 | 4,5 | 4,5 |
| Sammelgutausnahmetarife | 1 | 1 | 1 |
| Ladungsklassen E und F, sonstigen Ausnahmetarifen, Nummer 15 Abs.3 der Vorschriften für die Frachtberechnung | 5 | 4,5 | 4 |
| Tarifbestimmungen für die Beförderung von Militärgütern | 4 | 3,5 | 3 |

**Beispiele:**
Ein Abfertigungsspediteur rechnet den Transport einer Sendung von 4876 kg A/B-Gut, 7698 kg E-Gut und 2486 kg F-Gut ab. Tarifentfer-

nung 319 km; vereinbarte Minusmarge 10%. Der Abfertigungsspediteur hat dem Unternehmer eine Frachtvorlage in Höhe von 800,- DM gezahlt. Welchen Betrag hat der Auftraggeber dem Spediteur zu zahlen und welchen Betrag muß der Spediteur dem Unternehmer zahlen?

```
frachtpflichtiges Gewicht: 4876 kg A/B-Gut = 4900 kg
                           7698 kg E-Gut   = 7700 kg
                           2486 kg F-Gut   = 2500 kg
                                            15100 kg

Frachtsätze 15-t-Satz: A/B-Gut  9,16 DM x 49      448,84 DM
                       E-Gut    8,66 DM x 77      666,82 DM
                       F-Gut    7,56 DM x 25      189,00 DM
Grundfracht                                      1304,66 DM
- 10% Marge                                       130,47 DM
Zwischensumme                                    1174,19 DM
+ 14% MwSt.                                       164,39 DM
Frachtrechnungsbetrag                            1338,58 DM
```

Der Auftraggeber hat an den Spediteur **1338,58 DM** zu zahlen.

```
Tarifentfernung 319 km  WAV A/B-Gut = 9 %
                            E-Gut   = 4,5%
                            F-Gut   = 4,5%

Grundffracht A/B-Gut = 448,84 DM     Grundfracht E-Gut = 666,82 DM
- 10% Marge            44,88 DM      - 10% Marge         66,68 DM
                      403,96 DM                         600,14 DM
- 9% WAV               36,36 DM      - 4,5% WAV          27,01 DM
Fracht                367,60 DM      Fracht             573,13 DM

Grundfracht F-Gut =   189,00 DM      Fracht A/B-Gut     367,60 DM
- 10% Marge            18,90 DM      +Fracht E-Gut      573,13 DM
                      170,10 DM      +Fracht F-Gut      162,45 DM
- 4,5% WAV              7,65 DM      Gesamtfracht      1103,18 DM
Fracht                162,45 DM

Gesamtfracht                                           1103,18 DM
- 0,5% von 800,00 DM (Frachtvorlage)                      4,00 DM
Nettofracht                                            1099,18 DM
+14% MwSt.                                              153,89 DM
Gesamtfrachtbetrag                                     1253,07 DM
- Frachtvorlage                                         800,00 DM
Rechnungsbetrag                                         453,07 DM
```

Der Spediteur muß noch **453,07 DM** an den Unternehmer zahlen.

**Übungsaufgaben**

Ermitteln Sie die Fracht für nachstehende Aufgaben:

26) Eine Sendung der Ladungsklasse E mit einem Gewicht von 21000 kg wird über eine Entfernung von 437 km befördert. Es wird eine Minusmarge von 10% vereinbart. Der Absender hat sich darüber hinaus zu Garantieleistungen verpflichtet.

27) Im Güterfernverkehr werden 15000 kg A/B-Gut über eine Entfernung von 233 km befördert. Es wir eine Minusmarge von 5% und paariger Verkehr vereinbart.

28) Eine Sendung F-Gut im Gewicht von 20000 kg wird über eine Entfernung von 667 km befördert. Es wird eine Minusmarge von 10%

und paariger Verkehr vereinbart. Der Absender hat sich darüber hinaus zu Garantieleistungen verpflichtet.

29) Ein Abfertigungsspediteur rechnet den Transport einer Sendung von 14868 kg A/B-Gut mit dem Auftraggeber und dem Unternehmer ab. Die Entfernung beträgt 803 km und es wurde eine Plusmarge von 10% vereinbart.

30) Eine Sendung bestehend aus 7619 kg E-Gut und 12963 kg F-Gut wird von einem Abfertigungsspediteur abgerechnet (mit Auftraggeber und Unternehmer). Die Tarifentfernung beträgt 1205 km.

**Zusammenfassende Aufgaben zur Frachtberechnung im Güterfernverkehr**

31) Eine Sendung von 12900 kg A/B-Gut wird über eine Entfernung von 728 km befördert.

32) Über eine Entfernung von 1115 km werden 915 kg Stückgut befördert. Es wird eine Minusmarge von 10% vereinbart.

33) Es werden 15310 kg Güter der Klasse A/B, E und F über eine Entfernung von 235 km befördert.

34) Über eine Entfernung von 569 km werden 1524 kg Stückgut befördert. Es wird eine Minusmarge von 10% vereinbart.

35) Über eine Tarifentfernung von 885 km sollen 2698 kg A/B-Gut, 7369 kg E-Gut und 7200 kg F-Gut befördert werden. Es wird eine Plusmarge von 5% vereinbart.

36) Eine Frachtstück im Gewicht von 722 kg und den Maßen 280 cm x 180 cm x 100 cm soll über eine Entfernung von 470 km befördert werden.

37) Über eine Entfernung von 1040 km werden 14450 kg A/B-Gut in einem Isothermfahrzeug befördert. Kühlleistungen wurden nicht vereinbart.

38) Ein Abfertigungsspediteur rechnet den Transport einer Sendung von 5650 kg A/B-Gut, 8952 kg E-Gut und 1250 kg F-Gut ab. Die Tarifentfernung beträgt 905 km. Es wurde eine Minusmarge von 5% vereinbart.

39) Es werden 21000 kg A/B-Gut in einem Isothermfahrzeug über eine Entfernung von 1200 km transportiert. Es wird eine Plusmarge von 10%, ein Zuschlag für Kälteleistungen von 40% und eine Lieferfristverkürzung auf 18 Stunden je angefangene 300 km vereinbart.

40) Eine Sendung "gebrauchte Packmittel" mit einem Bruttogewicht von 1753 kg wird über eine Entfernung von 123 km befördert.

41) Im Güterfernverkehr soll eine Sendung A/B-Gut im Gewicht von 24320 kg über eine Entfernung von 515 km befördert werden. Es wird eine Minusmarge von 10% und eine Lieferfristverkürzung auf 24 Stunden vereinbart.

42) Eine Sendung A/B-Gut im Gewicht von 17800 kg wird über eine Entfernung von 361 km befördert. Es wird eine Minusmarge von 10% und paariger Verkehr vereinbart. Der Absender hat sich darüber hinaus zu Garantieleistungen verpflichtet.

43) Ein Abfertigungsspediteur rechnet den Transport (Tarifentfernung = 351 km) einer Sendung von 3719 kg A/B-Gut, 6437 kg E-Gut und 8264 kg F-Gut mit dem Auftraggeber und dem Unternehmer ab. An den Unternehmer wurde eine Frachtvorlage von 900,00 DM gezahlt.

44) Eine Stückgutsendung im Gewicht von 437 kg wird über eine Tarifentfernung von 89 km transportiert. Es ist eine Plusmarge von 10% vereinbart worden. Rechnen Sie mit Auftraggeber und Unternehmer ab.

45) Eine Sendung F-Gut im Gewicht von 26000 kg wird über eine Tarifentfernung von 1415 km befördert. Der Auftraggeber hat sich zu Garantieleistungen verpflichtet.

## 2. Güternahverkehr

Die Fracht im Güternahverkehr erfolgt nach dem Tarif für den Güternahverkehr mit Kraftfahrzeugen (GNT).

Beim GNT handelt es sich um Richtpreise, die dann berechnet werden müssen, wenn keine besonderen Vereinbarungen zwischen Frachtführer und Absender getroffen worden sind.

Der GNT gilt nicht für:

1. die Beförderung von Gütern, wenn das Gewicht der Sendung unter 4 t liegt
2. Kraftfahrzeuge oder Lastzüge, mit einer Nutzlast unter 4 t
3. die mit einer vorangegangenen oder nachfolgenden Beförderung von Gütern zusammenhängende An- und Abfuhr innerhalb des Gemeindebezirks
4. die sonstige Beförderung von Gütern, wenn besondere Tarife festgesetzt sind oder werden.

Der GNT hat fünf Tariftafeln:

Tafel I    : Tages- und Kilometersätze
Tafel II   : Stundensätze
Tafel III  : Leistungssätze
Tafel IV   : Frachtsätze für Getreide
Tafel V    : Frachtsätze für schüttbare Güter

### 2.1 Grundlagen der Frachtberechnung

Der GNT ist ein Margentarif, der ein Mindest-/Höchstentgelt zuläßt, in dessen Spanne Transportpreise vereinbart werden können.

**Margen:** Tafel I,II,III und V    von -30% bis + 10%
       Tafel IV              von -20% bis + 20%

Die Sätze des GNT sind Nettosätze, denen die Umsatzsteuer hinzuzurechnen ist.

Stundensätze der Tafel II dürfen nicht berechnet werden, wenn bei einem Auftrag durchschnittlich mehr als 10 km in der Stunde geleistet werden.

#### 2.1.1 Frachtberechnung nach Tafel I

Für die Berechnung der Fracht sind:

- die Nutzlast des eingesetzten Fahrzeugs
- die Einsatzzeit
- die gefahrenen Kilometer

maßgebend.

Wenn Fahrzeuge mit "ungerader" Nutzlast eingesetzt werden, ist die **nächsthöhere Nutzlaststufe** anzuwenden.

**Beispiel:**
Für einen Transport wird ein LKW mit 7,1-t-Nutzlast eingesetzt.

Frachtberechnung: 8-t-Nutzlast

Die gefahrenen Kilometer setzen sich aus Last- und Leerkilometer zusammen.

Die aus der Tafel, entsprechend der Nutzlast, entnommenen Kilometersätze sind mit den gefahrenen Kilometern (Last- und Leerkilometer) zu multiplizieren.

**Beispiel:**
35 zurückgelegte Kilometer, 8-t-Nutzlast

Frachtberechnung:
Kilometersatz (8-t-Nutzlast) = 0,89 DM je Kilometer
0,89 x 35 = 31,15 DM

Die Einsatzzeit setzt sich zusammen aus:

   der Zeit, die das Fahrzeug dem Auftraggeber zur Verfügung steht
+ Warte- und Stehzeiten
- Pausen, An- und Abfahrtszeiten

Für die Einsatzzeit von 6 bis 8 Stunden wird der volle Tagessatz + Kilometersatz berechnet.

**Beispiel:**
Mit einem 14,8-t-LKW werden Baugeräte über eine Entfernung (Last- + Leerkilometer) von 67 km befördert. Die Einsatzzeit beträgt 6 Stunden und 20 Minuten. Es ist eine Minusmarge von 15% vereinbart.

| Frachtberechnung: | | |
|---|---|---|
| Tagessatz für 15-t-Nutzlast | | 496,40 DM |
| + Kilometersatz | 1,29 DM x 67 km | 86,43 DM |
| Zwischensumme | | 582,83 DM |
| - 15% Marge | | 87,42 DM |
| Nettofracht | | 495,41 DM |
| + 14% MwSt. | | 69,36 DM |
| Frachtrechnungsbetrag | | 564,77 DM |

Ist die Einsatzzeit länger als 8 Stunden, so wird der Tagessatz für jede weitere angefangene Stunde um 1/16 Tagessatz erhöht.

**Beispiel:**
Mit einem Lastzug (23-t-Nutzlast) wird Holz befördert. Die Einsatzzeit beträgt 11 Stunden 15 Minuten. Es wird eine Gesamtstrecke von 146 km zurückgelegt.

| Frachtberechnung: | | |
|---|---|---|
| Tagessatz für 23-t-Nutzlast | | 578,40 DM |
| + 4 x 1/16 Tagessatz | 36,15 DM x 4 | 144,60 DM |
| + Kilometersatz | 1,53 DM x 146 | 223,38 DM |
| Nettofracht | | 946,38 DM |
| + 14% MwSt. | | 132,49 DM |
| Frachtrechnungsbetrag | | 1078,87 DM |

Bei einer Einsatzzeit unter 6 Stunden werden 1/8 Tagessätze je Stunde berechnet. Hierbei ist auf volle halbe Stunden aufzurunden. Für Einsatzzeiten unter 3 Stunden dürfen 3/8 Tagessätze berechnet werden.

**Beispiel:**
Mit einem 8,5-t-Lkw werden Güter über eine Entfernung von 43 km transportiert. Die Einsatzzeit betrug 3 Stunden und 15 Minuten.

Frachtberechnung: (9-t-Nutzlast)
| | | |
|---|---|---|
| 3,5 x 1/8 Tagessatz | 52,05 DM x 3,5 | 182,18 DM |
| + Kilometersatz | 0,92 DM x 43 | 39,56 DM |
| Nettofracht | | 221,74 DM |
| + 14% MwSt. | | 31,04 DM |
| Frachtrechnungsbetrag | | 252,78 DM |

Bei Mehrschichteinsätzen für einen Auftraggeber darf der volle Tagessatz nur einmal berechnet werden. Der über 8 Stunden hinausgehende Einsatz wird mit einem 1/16 Tagessatz je weitere angebrochene Stunde berechnet.

**Beispiel:**
Im Mehrschichteinsatz wird ein 15,8-t-Lkw 20 Stunden eingesetzt. Die in dieser Zeit zurückgelegte Entfernung beträgt 170 km.

Frachtberechnung: (16-t-Nutzlast)
| | | |
|---|---|---|
| Tagessatz | | 509,20 DM |
| + 12 x 1/16 Tagessatz | 31,83 DM x 12 | 381,96 DM |
| + Kilometersatz | 1,32 DM x 170 | 224,40 DM |
| Nettofracht | | 1115,56 DM |
| + 14% MwSt. | | 156,18 DM |
| Frachtrechnungsbetrag | | 1271,74 DM |

**Übungsaufgaben**

Ermitteln sie die Frachte für nachstehende Aufgaben nach Tafel I (Kilometerangaben = Lastkilometer):

1) 9-t-Lkw    -   8   Stunden   -   46 km
2) 15-t-Lkw   -   9   Stunden   -   59 km   -   Plusmarge 15%
3) 5-t-Lkw    -   2,5 Stunden   -   21 km   -   Minusmarge 10%
4) 6-t-Lkw    -   1,5 Stunden   -   18 km
5) 13-t-Lkw   -   5,2 Stunden   -   32 km   -   Minusmarge 15%

## 2.1.2 Frachtberechnung nach Tafel II

Für die Berechnung der Fracht sind:
- die Nutzlast des eingesetzten Fahrzeuges
- die Einsatzzeit

maßgebend.

Die Tafel II darf nicht angewendet werden, wenn bei einem Auftrag durchschnittlich mehr als 10 km in der Stunde geleistet werden.

Zur Frachtberechnung geht man mit der Nutzlast in die Tafel II und entnimmt den entsprechenden Stundensatz. Diesen multipliziert man mit der Einsatzzeit und erhält die Nettofracht.

Bei Einsatzzeiten über 3 Stunden ist jede angebrochene Stunde auf halbe oder volle Stunden aufzurunden (3 Stunden 12 Minuten = 3,5 Stundensätze, 4 Stunden 31 Minuten = 5,0 Stundensätze). Bei Einsatzzeiten über 8 Stunden werden angebrochene Stunden auf volle Stunden aufgerundet (8 Stunden 5 Minuten = 9 Stunden).

**Beispiel:**
Mit einem 10-t-Lkw werden 75 km zurückgelegt. Die Einsatzzeit betrug 9 Stunden und 20 Minuten. Es wird eine Plusmarge von 5% vereinbart.

Frachtberechnung: (10-t-Nutzlast)
| | | |
|---|---|---|
| 10 x Stundensatz | 63,80 DM x 10 | 638,00 DM |
| + 5% Marge | | 31,90 DM |
| Nettofracht | | 669,90 DM |
| + 14% MwSt. | | 93,79 DM |
| Frachtrechnungsbetrag | | 763,69 DM |

Bei einer Einsatzzeit unter 3 Stunden dürfen mindestens 3 Stunden berechnet werden.

**Beispiel:**
Ein 26-t-Lkw ist 2 Stunden im Einsatz. Die zurückgelegte Entfernung beträgt 15 km.

Frachtberechnung: (26-t-Nutzlast)
| | | |
|---|---|---|
| 3 x Stundensatz | 90,55 DM x 3 | 271,65 DM |
| + 14% MwSt. | | 38,03 DM |
| Frachtrechnungsbetrag | | 309,68 DM |

**Übungsaufgaben**

Ermitteln Sie die Fracht für nachstehende Aufgaben nach Tafel II:

6) 13-t-Lkw    —    8    Stunden
7) 6-t-Lkw     —    2    Stunden    —    Minusmarge 15%
8) 21-t-Lkw    —    9,5  Stunden    —    Plusmarge  10%
9) 16-t-Lkw    —    5,3  Stunden    —    Minusmarge 10%
10) 8-t-Lkw    —    6,4  Stunden

## 2.1.3 Frachtberechnung nach Tafel III

Die Leistungssätze der Tafel III dienen vor allem für die Berechnung bei der Beförderung von Massengütern im flüssigen Verkehr. Sie gelten nicht, wenn die Fracht nach der Tafel V zu berechnen ist.

Für die Berechnung der Fracht sind:
- das wirkliche Gewicht der Ladung (auf halbe oder ganze Tonnen aufrunden)
- die Kilometer der **Laststrecke**

maßgebend.

Es kann aber vereinbart werden, daß die Fracht nicht nach dem Gewicht der Ladung, sondern bis zur Höhe der Nutzlast des eingesetzten Fahrzeugs berechnet wird.

Zur Ermittlung der Fracht geht man mit dem Ladungsgewicht und den Lastkilometern in die Frachtentafel und entnimmt die Nettofracht.

**Beispiel:**
Ein Lkw mit einer Nuzlast von 22 t befördert Waren mit einem Gewicht von 18 t über eine Entfernung (Lastkilometer) von 85 km. Für die Berechnung der Fracht wurde die Nutzlast vereinbart.

| | |
|---|---|
| Frachtberechnung: (22 t, 85 km) | |
| aus Frachtentabelle abgelesene Fracht | 607,00 DM |
| + 14% MwSt. | 84,98 DM |
| Frachtrechnungsbetrag | 691,98 DM |

Leerkilometer dürfen nach den Kilometersätzen der Tafel I berechnet werden, soweit sie die Lastkilometer übersteigen.

**Beispiel:**
11,6 t Baugeräte werden mit einem Lkw (13,5-t-Nutzlast) befördert. Lastkilometer = 97 km; Leerkilometer = 110 km.

| | |
|---|---|
| Frachtberechnung: (12 t, 100 km) | |
| aus der Frachtentabelle abgelesene Fracht | 494,10 DM |
| + 13 Leerkilometer nach Tafel I | |
| für 14-t-Nutzlast (1,26 DM x 13 km) | 16,38 DM |
| Nettofracht | 510,48 DM |
| + 14% MwSt. | 71,47 DM |
| Frachtrechnungsbetrag | 581,95 DM |

Ist die Laststrecke länger als 120 km, so wird für je weitere angefangene 5 Lastkilometer ein nach dem Gewicht gestaffelter Betrag hinzugerechnet.

**Beispiel:**
Im Güternahverkehr werden 18,7 t Mauersteine über eine Laststrecke von 131 km befördert. Vereinbart wurde eine Minusmarge von 25%.

| | |
|---|---|
| Frachtberechnung: (19 t, 131 km) | |
| aus Frachtentafel abgelesene Fracht (19 t, 120 km) | 762,80 DM |
| + 11 km (je angefangene 5 km 29,40 DM) = 3 x 29,40 DM) | 88,20 DM |
| Zwischensumme | 851,00 DM |
| - 25% Marge | 212,75 DM |
| Nettofracht | 638,25 DM |
| +14% MwSt. | 89,36 DM |
| Frachtrechnungsbetrag | 727,61 DM |

Liegt das Gewicht der Ladung über 29 t, so wird für je weitere angefangene 0,5 t ein nach den Kilometern gestaffelter Betrag hinzugerechnet.

**Beispiel:**
Waren mit einem Gewicht von 29,8 t werden über eine Entfernung von 61 km befördert.

Frachtberechnung: (29,8 t, 65 km)
aus Frachtentafel abgelesene Fracht (29 t, 65 km)                538,00 DM
+ 0,8 t (je angefangene 0,5 t 2,60 DM) = 2 x 2,60 DM              5,20 DM
Nettofracht                                                      543,20 DM
+ 14% MwSt.                                                       76,05 DM
Frachtrechnungsbetrag                                            619,25 DM

**Übungsaufgaben:**

Ermitteln Sie die Fracht für nachstehende Aufgaben (Kilometerangaben = Lastkilometer):

11) 13520 kg  -  82 km
12)  6232 kg  -  48 km  -  Plusmarge   10%
13)  9521 kg  -  93 km  -  Minusmarge  15%
14)  7220 kg  - 110 km  -  Minusmarge  10%
15)  5200 kg  -  73 km


## 2.1.4 Frachtberechnung nach Tafel IV

Für die Beförderung von Buchweizen, Gerste, Hafer, Hirse aller Art, Kanariensaat, Roggen und Weizen mit einem Sendungsgewicht von mindestens 4001 kg gilt die Tafel IV. Für die Berechnung der Fracht sind:

- das frachtpflichtige Gewicht der Ladung
- die Lastkilometer

maßgebend.

**Rundungsregeln:**
Das Gewicht der Sendung wird auf volle 100 kg aufgerundet. Die errechnete Fracht kann auf volle 10 Pfennig aufgerundet werden.

Es bestehen folgende Gewichtsklassen, mit deren Mindestgewichten:

 5-t- Gewichtsklasse        Mindestgewicht  5000 kg
10-t- Gewichtsklasse        Mindestgewicht 10000 kg
15-t- Gewichtsklasse        Mindestgewicht 15000 kg
20-t- Gewichtsklasse        Mindestgewicht 20000 kg
25-t- Gewichtsklasse        Mindestgewicht 25000 kg
26-t- Gewichtsklasse        Mindestgewicht 26000 kg

Liegt das Gewicht zwischen zwei Gewichtsklassen, so wird die Fracht nach beiden Gewichtsklassen berechnet, wobei aber dann der niedrigere Frachtbetrag berechnet wird.

Wird der Einsatz eines Fahrzeugs vereinbart, dessen Nutzlast nicht voll in Anspruch genommen wird, so darf die Fracht nach einem höheren Gewicht als dem wirklichen, höchstens nach der Nutzlast des Fahrzeugs berechnet werden.

Bei Einsatz von Silofahrzeugen darf ein Zuschlag von 1 DM je angefangene 1000 kg des frachtpflichtigen Gewichts berechnet werden. Zur Berechnung der Fracht geht man mit dem frachtpflichtigen Gewicht und den Lastkilometern in die Frachtentafel und entnimmt den Frachtsatz für 100 kg.

**Beispiel:**
Über eine Entfernung von 117 km sollen 17510 kg Roggen befördert werden.

a) **15-t-Satz:** 17510 kg = 17600 kg frachtpflichtiges Gewicht
   Frachtsatz (15-t-Satz, 120 km) = 3,24 DM für 100 kg
   Frachtberechnung:          3,24 DM x 176         570,24 DM

b) **20-t-Satz:** 17510 kg = 20000 kg Frachtberechnungsmindestgewicht
   Frachtsatz (20-t-Satz, 120 km) = 2,88 DM für 100 kg
   Frachtberechnung:          2,88 DM x 200         576,00 DM

c) Abrechnung zum 20-t-Satz ist günstiger         576,00 DM
   + 14% MwSt.                                     <u>80,64 DM</u>
   Frachtrechnungsbetrag                           <u>656,64 DM</u>

Ist die Laststrecke länger als 120 km, so wird für je weitere angefangene 5 Lastkilometer ein nach dem Gewicht gestaffelter Betrag hinzugerechnet.

**Beispiel:**
Im Güternahverkehr werden 20080 kg Weizen über eine Entfernung von 131 km befördert. Es wird eine Minusmarge von 20% vereinbart.

**20-t-Satz:** 20080 kg = 20100 kg frachtpflichtiges Gewicht
Frachtsatz: (20-t-Satz, 120 km) = für 100 kg              2,88 DM
+ 11 km (je angefangene 5 km 0,08 DM) = 3 x 0,08 DM       <u>0,24 DM</u>
                                                          3,12 DM

Frachtberechnung        **3,12 DM** x 201                 627,12 DM
- 20% Marge                                               <u>125,42 DM</u>
Nettofracht                                               501,70 DM
+ 14% MwSt.                                               <u>70,24 DM</u>
Frachtrechnungsbetrag                                     <u>571,94 DM</u>

**Übungsaufgaben**

Ermitteln Sie die Fracht für nachstehende Aufgaben (Kilometerangaben = Lastkilometer):

16) 13100 kg Weizen   -   116 km
17)  5250 kg Hirse    -    86 km   -   Minusmarge 20%
18) 18177 kg Hafer    -   142 km   -   Plusmarge 15%
19) 19200 kg Hafer    -    96 km
20) 24110 kg Weizen   -   130 km   -   Minusmarge 20%


2.1.5 Frachtberechnung nach Tafel V

Für die Beförderung von Gütern, die mechanisch geladen und durch Abkippen entladen werden, mit Kipplastwagen ohne Anhänger (Abteilung A = Solosätze) auf Entfernungen bis einschließlich 36 km und in allen anderen Fällen (Abteilung B = Zugsätze) auf Entfernungen bis einschließlich 50 km, sind die Frachtsätze der Tafel V zwingend anzuwenden, wenn der Verkehr flüssig durchgeführt wird.

Flüssiger Verkehr liegt vor, wenn die nach Tafel V ermittelte Fracht im Durchschnitt je Einsatzstunde nicht geringer ist als der vergleichbare Stundensatz nach Tafel II. Liegen diese Voraussetzungen nicht vor, so ist die Fracht nach den Tafeln I, II oder III zu berechnen.

Für die Beförderung von Straßenbaumaterial, das mit Bitumen, Teer oder einem Gemisch der beiden Stoffe überzogen ist (bituminöse Mischung) dürfen die Frachtsätze der Tafel V nicht berechnet werden.

Für die Berechnung der Fracht sind:
- das Gewicht der Ladung
- der Einsatz mit oder ohne Anhänger
- die Kilometer der Laststrecke

maßgebend.

Es ist zulässig, das Ladungsgewicht auf volle 100, 500 oder 1000 kg aufzurunden.

Wird der Einsatz eines Fahrzeugs vereinbart, dessen Nutzlast nicht voll in Anspruch genommen wird, so darf die Fracht nach einem höheren Gewicht als dem wirklichen, höchstens nach der Nutzlast des Fahrzeugs berechnet werden.

Zur Frachtberechnung geht man mit den Lastkilometern und dem eingesetzten Fahrzeug (ohne Anhänger = Solosätze, mit Anhänger = Zugsätze) in die Frachtentafel und entnimmt den Frachtsatz je Tonne Ladung.

**Beispiele:**
1. Mit einem Kipplastwagen werden 7300 kg schüttbares Gut über eine Entfernung von 15 km befördert.

    Frachtsatz (15 km, Abteilung A) = 9,04 DM je Tonne
    Frachtberechnung:          7,3 t x 9,04 DM                 65,99 DM
    + 14% MwSt.                                                 9,24 DN
    Frachtrechnungsbetrag                                      75,23 DM

2. Ein Kipplastwagen mit Anhänger befördert 9 m$^3$ Erdaushub (1 m$^3$ = 1,7 t) über eine Strecke von 38 km. Es wurde eine Minusmarge von 25% vereinbart.

    frachtpflichtiges Gewicht: 9 x 1,7 t = 15,3 t
    Frachtsatz: (38 km, Abteilung B) = 12,68 DM je Tonne
    Frachtberechnung:         15,3 t x 12,68 DM              194,00 DM
    - 25% Marge                                               48,50 DM
    Nettofracht                                              145,50 DM
    + 14% MwSt.                                               20,37 DM
    Frachtrechnungsbetrag                                    165,87 DM

**Übungsaufgaben**

Ermitteln Sie die Fracht für nachstehende Aufgaben (Kilometerangaben = Last- und Leerkilometer):

21) Kipplastwagen   -   24 km   -   13700 kg schüttbares Gut
22) Kippzug         -   46 km   -   21780 kg schüttbares Gut
23) Kippzug         -   30 km   -   18230 kg schüttbares Gut
24) Kipplastwagen   -   16 km   -    5390 kg schüttbares Gut
25) Kippzug         -   22 km   -    9850 kg schüttbares Gut

## 2.2 Besondere Vorschriften zur Frachtberechnung

### 2.2.1 Paariger Verkehr

Wenn der Nahverkehrsunternehmer für denselben Auftraggeber eine Hinladung und eine anschließende Rückladung durchführt, so kann eine Ermäßigung der nach den **Tafeln III, IV oder V** errechneten Fracht vereinbart werden, wenn der **Frachtberechnung** für die Hin- und Rückladung **ein Mindestgewicht in Höhe der Nutzlast** des eingesetzten Fahrzeuges **zugrunde gelegt wird**. Zwischen der Hin- und der Rückladung sowie zwischen der Rück- und Hinladung kann eine Leerfahrt durchgeführt werden.

Die Lastkilometer für Hin- und Rückladung werden um die umlaufbedingten Leerkilometer gekürzt. Die verbleibenden Lastkilometer werden mit einem Satz von bis zu

- 0,65 DM bei Kraftfahrzeugen ohne Anhänger
- 1,15 DM bei Sattelkraftfahrzeugen oder Lastzügen

vervielfältigt.

**Beispiel:**
Mit einem Lastzug (21-t-Nutzlast) werden von A nach B über eine Entfernung von 26 km 21 t Lehm befördert. Für denselben Auftraggeber sind von C nach A 21 t Kies (Lastentfernung 15 km) zu befördern. Die Leerkilometer zwischen B und C betragen 17 km. Frachtberechnung nach Tafel V.

Frachtsatz Hinladung  (26 km, Abteilung B) = 9,84 DM je Tonne
Frachtsatz Rückladung (15 km, Abteilung B) = 6,97 DM je Tonne

| | | |
|---|---:|---:|
| Frachtberechnung: | 21 x 9,84 DM | 206,64 DM |
| | 21 x 6,97 DM | <u>146,37 DM</u> |
| Fracht für Hin- und Rückladung | | 353,01 DM |
| Lastkilometer (26 + 15) = 41 km | | |
| abzüglich Leerkilometer =<u> 17 km</u> | | |
| Frachtermäßigung        = 24 km x 1,15 DM | | <u>27,60 DM</u> |
| ermäßigte Fracht für Hin- und Rückladung | | 325,41 DM |
| + 14% MwSt. | | <u>45,56 DM</u> |
| Frachtrechnungsbetrag | | <u>370,97 DM</u> |

## 2.2.2 Dauervertragsverhältnis

Wird zwischen dem Auftraggeber und dem Nahverkehrsunternehmer ein Vertrag auf längere Zeit oder über ein größeres Transportaufkommen abgeschlossen, dürfen die Sätze der **Tafeln III, IV und V bis zu 40 % unterschritten werden.** Der Vertrag muß sofort nach Abschluß der Erlaubnisbehörde angezeigt werden.

**Beispiel:**
Im Güternahverkehr werden im Rahmen eines Dauervertragsverhältnisses 18,3 t Ziegelsteine über eine Entfernung von 116 km befördert. Frachtberechnung nach Tafel III.

| Frachtberechnung (18,5 t, 120 km) | |
|---|---|
| aus Frachtentafel abgelesene Fracht | 750,40 DM |
| - 40% (Dauervertragsverhältnis) | 300,16 DM |
| Nettofracht | 450,24 DM |
| +14% MwSt. | 63,03 DM |
| Frachtrechnungsbetrag | 513,27 DM |

Wird im Rahmen eines Dauervertragsverhältnisses paariger Verkehr durchgeführt, so kann die Fracht um beides ermäßigt werden.

**Beispiel:**
Mit einem Lastzug (18,5-t-Nutzlast) werden von A nach B über eine Entfernung von 44 km 18,5 t Erdaushub befördert. Für denselben Auftraggeber sind von C nach A 18,5 t Kies (Lastentfernung 23 km) zu befördern. Die Leerkilometer zwischen B und C betragen 21 km. Der Transport wird im Rahmen eines Dauervertragsverhältnisses durchgeführt. Frachtberechnung nach Tafel V.

| | | |
|---|---|---|
| Frachtsatz Hinladung: (44 km, Abteilung B) = | 14,08 DM | je Tonne |
| - 40% (Dauervertragsverhältnis) | 5,63 DM | |
| | 8,45 DM | |
| Frachtsatz Rückladung: (23 km, Abteilung B) = | 9,11 DM | je Tonne |
| - 40% (Dauervertragsverhältnis) | 3,64 DM | |
| | 5,47 DM | |
| Frachtberechnung: 18,5 x 8,45 DM | 156,33 DM | |
| 18,5 x 5,47 DM | 101,20 DM | |
| Fracht für Hin- und Rückladung | 257,53 DM | |
| Lastkilometer = (44 + 23) = 67 km | | |
| abzüglich Leerkilometer = 21 km | | |
| Frachtermäßigung = 46 km x 1,15 DM | 52,90 DM | |
| ermäßigte Fracht für Hin- und Rückladung | 204,63 DM | |
| + 14% MwSt. | 28,65 DM | |
| Frachtrechnungsbetrag | 233,28 DM | |

## 2.2.3 Erweiterte Margen

Wird zwischen dem Autraggeber und dem Unternehmer mindestens sechs Wochen vor Einsatzbeginn vereinbart, daß die Fahrzeuge täglich für die Dauer einer Schicht mindestens drei aufeinanderfolgende Monate außerhalb öffentlicher Wege oder Plätze eingesetzt werden, verringern sich die Sätze der **Tafeln I, II, III und V um 5%**. Von der um 5% verringerten Fracht können Ermäßigungen bis zu 30%, bei Dauerverträgen bis zu 40% vereinbart werden.

**Beispiel:**
Im Güternahverkehr werden 17,2 t Güter im Rahmen eines Dauervertragsverhältnisses mit einem Lastzug (7,8-t-Lkw und 10-t-Anhänger) über eine Laststrecke von 47 km befördert. Die Einsatzzeit beträgt 8 Stunden. Weiterhin wurde der Einsatz außerhalb öffentlicher Wege 6 Wochen vorher vereinbart. Frachtberechnung nach Tafel I.

Frachtberechnung:
| | | |
|---|---|---|
| Tagessatz für 18-t-Nutzlast | | 534,80 DM |
| + Kilometersatz | 94 x 1,38 DM | 129,72 DM |
| Zwischensumme | | 664,52 DM |
| - 5% (außerhalb öffentlicher Wege) | | 33,23 DM |
| Zwischensumme | | 631,29 DM |
| - 40% (Dauervertragsverhältnis) von **631,29 DM** | | 252,52 DM |
| Nettofracht | | 378,77 DM |
| + 14% MwSt. | | 53,03 DM |
| Frachtrechnungsbetrag | | 431,80 DM |

## 2.2.4 Zuschläge und Nebengebühren

**a) Kippfahrzeuge:**
Bei Verwendung von Kippfahrzeugen werden die Frachtsätze der Tafeln I und II um 10% erhöht. Bei Kippfahrzeugen mit mehr als zwei Achsen und ohne Anhänger werden die Sätze der Tafeln I und II um mindestens 10% und höchstens um 30% erhöht.

**b) Fahrzeuge mit Allrad-Antrieb:**
Bei Verwendung von Fahrzeugen mit Allrad-Antrieb werden die Sätze der Tafeln I und II um 5% erhöht; bei Abrechnung nach den Tafeln III oder V wird das Gewicht der Ladung um 15% erhöht.

**c) Langholz und Langeisenfahrzeuge:**
Bei Abrechnung nach den Tafeln I oder II wird die Nutzlast um eine Tonne erhöht. Wird nach der Tafel III abgerechnet, so wird das Gewicht der Ladung um 15% erhöht.

**d) Geländezuschläge:**
Bei schwierigen Geländeverhältnissen, auch witterungsbedingte, dürfen die Sätze der Tafeln I, II, III, IV und V bis zu 20% erhöht werden.

**e) Zusammenhängende Wartezeiten:**
Bei Wartezeiten von mehr als einer halbe Stunde kann bei der Abrechnung nach den Tafeln III, IV oder V, 1/16 des Tagessatzes nach Tafel I für jede angefangene halbe Stunde berechnet werden.

**Beispiel:**
Ein Lastzug (Allradkipper 12,5-t-Nutzlast mit Kipp-Anhänger 10-t-Nutzlast) befördert 22,5 t Mauersteine über eine Lastentfernung von 65 km. Die Einsatzzeit beträgt 10 Stunden. Es wird eine Plusmarge von 10% vereinbart. Frachtberechnung nach Tafel I und III.

**Tafel I:**
Frachtberechnung:
| | |
|---|---|
| Tagessatz für 23-t-Nutzlast | 578,40 DM |
| + 2 x 1/16 Tagessatz 36,15 DM x 2 | 72,30 DM |
| + Kilometersatz 1,53 DM x 130 km | 198,90 DM |
| Zwischensumme | 849,60 DM |

```
+ 10% (Kipperzuschlag) von 849,60 DM                    84,96 DM
+  5% (Allradzuschlag)
   849,60 DM : 22,5 =   37,76 DM
    37,76 DM x 12,5 =  472,00 DM
   472,00 DM davon 5%                                   23,60 DM
Zwischensumme                                          958,16 DM
+ 10% Marge                                             95,82 DM
Nettofracht                                           1053,98 DM
+ 14% MwSt.                                            147,56 DM
Frachtrechnungsbetrag                                 1201,54 DM
```

**Tafel III:**
```
Frachtberechnungsgewicht:
Allradkipper (Ladungsgewicht)           12,50 t
+ 15% (Allradzuschlag)                   1,88 t
+ Kippanhänger (Ladungsgewicht)         10,00 t
                                        24,38 t
Frachtberechnung (24,5 t, 65 km)
aus Frachtentabelle abgelesene Fracht                  512,40 DM
+ 10% Marge                                             51,24 DM
Nettofracht                                            563,64 DM
+ 14% MwSt.                                             78,91 DM
Frachtrechnungsbetrag                                  642,55 DM
```

## 2.2.5 Werbe- und Abfertigungsvergütung

Der Abfertigungsspediteur im Güternahverkehr hat für Leistungen, die er dem Unternehmer des Güternahverkehrs erbringt, Anspruch auf eine Werbe- und Abfertigungsvergütung (WAV). Grundlage der Berechnung der WAV ist das Nettobeförderungsentgelt.

| WAV- Sätze ab 22. Juni 1988 | |
|---|---|
| a) Tafel I, II, bei Beförderung von Rohholz aus dem Walde oder von Rohmilch zur Molkerei oder Sammelstelle bei Abrechnung nach der Verordnung oder nach Landessondertarifen | bis 1% |
| b) Tafel III, IV, V oder nach Landes sondertarifen | bis 5,5% |

**Beispiel:**
Ein Abfertigungsspediteur im Güternahverkehr rechnet den Transport einer Sendung im Gewicht von 8756 kg nach Tafel III ab. Die Lastentfernung betrug 75 km. Welchen Betrag hat der Auftraggeber dem Spediteur und welchen Betrag muß der Spediteur dem Unternehmer zahlen?

Frachtberechnung (9 t, 75 km)
aus Frachtentabelle abgelesene Fracht                328,30 DM
+ 14% MwSt.                                           45,96 DM
Frachtrechnungsbetrag                                374,96 DM

Der Auftraggeber muß **374,96 DM** an den Spediteur zahlen.

WAV-Satz bei Frachtberechnung nach Tafel III = 5,5%
aus Frachtentabelle abgelesene Fracht                328,30 DM
- WAV (5,5%) von 328,30 DM                            18,06 DM
Nettofracht                                          310,24 DM
+ 14% MwSt.                                           43,43 DM
Frachtrechnungsbetrag                                353,67 DM

Der Spediteur muß **353,67 DM** an den Unternehmer zahlen.

**Zusammenfassende Aufgaben zur Frachtberechnung im Güternahverkehr**

26) Mit einem Lkw (22-t-Nutzlast) wir eine Ladung von 21410 kg über eine Lastentfernung von 43 km befördert. Die Einsatzzeit beträgt 3 Stunden 15 Minuten. Frachtberechnung nach Tafel I und III.

27) Eine Ladung von 13180 kg wird mit einem 15-t-Lkw über eine Entfernung (Last- und Leerkilometer) von 82 km transportiert. Die Einsatzzeit beträgt 9 Stunden und es wird eine Minusmarge von 10% vereinbart. Frachtberechnung nach Tafel I und II.

28) Mit einem Lastzug (18-t-Nutzlast) wird eine Ladung Langholz im Gewicht von 14120 kg über eine Lastentfernung von 38 km befördert. Da der Laderaum voll ausgenutzt ist, wird für die Berechnung der Fracht die Nutzlast vereinbart. Frachtberechnung nach Tafel III.

29) Im Mehrschichteinsatz wir ein 21,5-t-Lkw 19 Stunden eingesetzt. Die zurückgelegte Entfernung beträgt 185 km. Frachtberechnung nach Tafel I und II.

30) Über eine Lastentfernung von 98 km werden 18210 kg Hafer befördert. Es wird eine Minusmarge von 15% vereinbart. Frachtberechnung nach Tafel IV.

31) Eine Ladung Weizen im Gewicht von 19070 kg wird über eine Lastentfernung von 134 km befördert. Es wird eine Plusmarge von 10% vereinbart. Frachtberechnung nach Tafel IV.

32) Mit einem Kipplastwagen werden 11410 kg schüttbares Gut über eine Lastentfernung von 28 km befördert. Frachtberechnung nach Tafel V.

33) Ein Kipplastwagen mit Anhänger befördert 12 m$^3$ Erdaushub (1 m$^3$ = 1,9 t) über eine Laststrecke von 34 km. Es wird eine Minusmarge von 25% vereinbart. Frachtberechnung nach Tafel V.

34) Mit einem Lastzug (14,5-t-Nutzlast) werden von A nach B über eine Lastentfernung von 29 km 14,5 t Lehm befördert. Für denselben Auftraggeber sind von C nach A (Lastentfernung 21 km) 14,5 t Bauschutt zu befördern. Die Leerstrecke zwischen B und C beträgt 19 km. Frachtberechnung nach Tafel III und V.

35) Im Rahmen eines Dauervertragsverhältnisses werden 18,3 t Kies über eine Lastentfernung von 87 km befördert. Frachtberechnung nach Tafel III.

36) Im Güternahverkehr werden mit einem Lkw (25,5-t-Nutzlast) von A nach B 25,5 t Mauersteine (Lastentfernung 49 km) befördert. Für denselben Auftraggeber sind von C nach A (Lastentfernung 39 km) 25,5 t Schotter zu befördern. Die Leerstrecke zwischen B und C beträgt 17 km. Der Transport wird im Rahmen eines Dauervertragsverhältnisses durchgeführt. Frachtberechnung nach Tafel III.

37) Im Güternahverkehr werden im Rahmen eines Dauervertragsverhältnisses Güter im Gewicht von 26,5 t mit einem Lastzug (Lkw = 14-t-Nutzlast, Anhänger = 12,5-t-Nutzlast) befördert. Die Einsatzzeit beträgt 7 Stunden 35 Minuten. Weiterhin wurde der Einsatz außerhalb öffentlicher Wege 6 Wochen vorher vereinbart. Frachtberechnung nach Tafel I.

38) Ein Allradkipper (13,5-t-Nutzlast) mit Kippanhänger (9-t-Nutzlast) befördert 22,5 t Tonröhren über eine Lastentfernung von 78 km. Die Einsatzzeit beträgt 7 Stunden 15 Minuten. Es wird eine Minusmarge von 25% vereinbart. Frachtberechnung nach Tafel I und III.

39) Ein 12-t-Lkw befördert Güter im Gewicht von 5900 kg über eine Gesamtstrecke von 66 km. Die Einsatzzeit beträgt 7 Stunden. Es wird eine Plusmarge von 15% vereinbart. Frachtberechnung nach Tafel II.

40) Es werden 10000 kg Bauschutt mit einem 13-t-Lkw über eine Lastentfernung von 52 km befördert. Die Einsatzzeit beträgt 9,5 Stunden. Überstundenzuschlag für einen Fahrer 8,50 DM/Std. Frachtberechnung nach Tafel III.

# 3. Eisenbahn-Güterverkehr

Die Frachtberechnung im Eisenbahn-Güterverkehr erfolgt nach dem Deutschen Eisenbahn-Gütertarif (DEGT).

Der DEGT ist ein Margentarif (Margen von -10% bis +10%), dessen Sätze weder über- noch unterschritten werden dürfen. Zur Frachtberechnung benötigt man:
- DEGT Teil I Abteilung B (Wagenladung)
- DEGT Teil II Abteilung (Stückgut)
- DEGT Teil II Heft B (Entfernungsanzeiger)
- DEGT Teil II Heft D (Bahnhofstarif).

## 3.1 Frachtberechnung Wagenladung

### 3.1.1 Grundlagen der Frachtberechnung

Die Fracht wird für jede Sendung einzeln nach:
- dem wirklichen (alles was zur Beförderung aufgegeben wird) Gewicht der Sendung in Kilogramm
- der Entfernung zwischen Versand- und Bestimmungsbahnhof

berechnet.

Für die Frachtberechnung wird das Gewicht auf volle 100 kg aufgerundet (5001 kg = 5100 kg).

Zur Frachtberechnung geht man mit dem frachtpflichtigen Gewicht und der Entfernung in die Frachtentafel und entnimmt den entsprechenden Frachtsatz je 100 kg.

Besteht eine Wagenladung aus verschiedenen Gütern und sind die Gewichte getrennt angegeben, so werden die wirklichen Einzelgewichte erst addiert und dann aufgerundet.

**Beispiel:**
Eine Wagenladung besteht aus 6342 kg Langeisen, 3254 kg Vierkantstahl und 4225 kg Stahlplatten.

```
frachtpflichtiges Gewicht = 6342 kg
                          + 3254 kg
                          + 4225 kg
                           13821 kg = 13900 kg
```

Es gibt fünf Gewichtsklassen mit Frachtsätzen für 100 kg:

- die  5-t-Gewichtsklasse
- die 10-t-Gewichtsklasse
- die 15-t-Gewichtsklasse
- die 20-t-Gewichtsklasse
- die 25-t-Gewichtsklasse.

Bei Verwendung besonderer Güterwagen bestehen Frachtberechnungsmindestgewichte (siehe 3.1.2).

Die im Tarif genannten Frachten und Frachtsätze enthalten keine Mehrwertsteuer.

### 3.1.2 Rundungsregeln

Die berechnete Fracht wird auf volle DM in der Weise gerundet, daß Beträge unter 50 Pf nicht, Beträge von 50 Pf an für volle DM gerechnet werden. Frachtzuschläge und Frachtabschläge werden in gleicher Weise gerundet.

**Beispiel:**
1051,49 DM = 1051,00 DM
2145,50 DM = 2146,00 DM

Die Mehrwertsteuer wird auf den Pfennig genau berechnet.

### 3.1.3 Frachtberechnungsmindestgewichte

**Beispiele:**
1. Es sollen 6030 kg Aluminium und 8910 kg Vierkantstahl über eine Entfernung von 531 km in einem gedeckten Drehgestellwagen (unter 22 m) befördert werden.

    6030 kg + 8910 kg = 14940 kg = 15000 kg
    Berechnung nach dem 15-t-Satz, Mindestgewicht 16500 kg
    Frachtsatz (15-t-Satz) = 11,21 DM für 100 kg
    Frachtberechnung:  165 x 11,21 DM = 1849,65 DM =      1850,00 DM
    + 14% MwSt.                                            259,00 DM
    Frachtrechnungsbetrag                                 2109,00 DM

2. Eine Sendung mit einem Gewicht von 12 t soll in einem Gelenkwagen über eine Entfernung von 897 km befördert werden. Es wird eine Plusmarge von 10% vereinbart.

    Berechnung nach dem 15-t-Satz, Mindestgewicht 21000 kg
    Frachtsatz (15-t-Satz) = 14,28 DM für 100 kg
    Frachtberechnung:  210 x 14,28 DM = 2998,80 DM =      2999,00 DM
    + 10% Marge                           299,90 DM =      300,00 DM
    Nettofracht                                           3299,00 DM
    + 14% MwSt.                                            461,86 DM
    Frachtrechnungsbetrag                                 3760,86 DM

| für | | bei Anwendung der Frachtsätze der | | | | |
|---|---|---|---|---|---|---|
| | | 5 t- | 10 t- | 15 t-Klasse | 20 t- | 25 t- |
| Wagen | Gattung | kg | | | | |
| 1 | 2 | 3 | 4 | 5 | 6 | 7 |
| 1. Achsenwagen<br>a) Wagen mit einer Ladelänge von 14 m und mehr | alle | – | 10000 | 15000 | 20000 | 25000 |
| b) Achsenwagen soweit nicht unter a) genannt | alle | 6000 | 10000 | 15000 | 20000 | 25000 |
| 2. Drehgestellwagen<br>a) Gedeckte Wagen mit einer Ladelänge unter 22 m | Ga, Ha, Ia | | | 16500 | 22000 | 27500 |
| b) Drehgestellwagen soweit nicht unter a) genannt | alle | | | 21000 | 28000 | 35000 |
| 3. Wageneinheiten<br>Wagen, die durch eine im Betrieb nicht lösbare Kupplung zu einer Einheit verbunden sind, sowie Gelenkwagen | alle | | | 21000 | 28000 | 35000 |

## 3.1.4 Alternative Frachtberechnung

Liegt das frachtpflichtige Gewicht zwischen zwei Gewichtsklassen, so wird die Fracht alternativ nach beiden Gewichtsklassen berechnet, wobei aber dann der niedrigere Frachtbetrag abgerechnet wird.

**Beispiele:**
1. 12250 kg sollen über eine Tarifentfernung von 350 km befördert werden (Achsenwagen 14 m und mehr).
   a) **10-t-Satz:** 12250 kg = 12300 kg frachtpflichtiges Gewicht
      Frachtsatz (10-t-Satz) = 10,80 DM für 100 kg
      Frachtberechnung: 123 x 10,80 DM = 1328,40 DM =        1328,00 DM

b) **15-t-Satz:** 12250 kg = 15000 kg Mindestgewicht
Frachtsatz (15-t-Satz) = 8,64 DM für 100 kg
Frachtberechnung: 150 x 8,64 DM = 1296,00 DM        1296,00 DM

Es wird zum günstigeren 15-t-Satz abgerechnet        1296,00 DM
+ 14% MwSt.                                            181,44 DM
Frachtrechnungsbetrag                                 1477,44 DM

2. Über eine Entfernung von 675 km werden 16345 kg Kartoffeln befördert (Achsenwagen 14 m und mehr). Es wurde eine Minusmarge von 10% vereinbart.

a) 15-t-Satz: 16345 kg = 16400 kg frachtpflichtiges Gewicht
Frachtsatz (15-t-Satz) = 12,78 DM für 100 kg
Frachtberechnung: 164 x 12,78 DM = 2095,92 DM =      2096,00 DM

b) 20-t-Satz: 16345 kg = 20000 kg Mindestgewicht
Frachtsatz (20-t-Satz) = 11,18 DM für 100 kg
Frachtberechnung: 200 x 11,18 DM = 2236,00 DM        2236,00 DM

Es wird zum günstigeren 15-t-Satz abgerechnet        2096,00 DM
- 10% Marge              209,60 DM =                  210,00 DM
Nettofracht                                          1886,00 DM
+ 14% MwSt.                                           264,04 DM
Frachtrechnungsbetrag                                2150,04 DM

**Übungsaufgaben**

Ermitteln Sie die Fracht für nachstehende Aufgaben:

1) 14950 kg -  430 km - Achsenwagen 14 m und mehr - Marge +10%
2) 17965 kg -  865 km - Gelenkwagen
3) 19500 kg - 1200 km - Achsenwagen 14 m und mehr - Marge -10%
4)  4320 kg -  720 km - Achsenwagen 14 m und mehr
   14100 kg
5) 12000 kg -  690 km - Drehgestellwagen unter 22 m

## 3.2 Besondere Vorschriften für die Frachtberechnung Wagenladung

### 3.2.1 Eilgut

Bei Wagenladungen die als Eilgut aufgegeben werden, muß festgestellt werden, zu welcher Eilgutklasse die Ware gehört. Es bestehen die Eilgutklassen Ie und IIe. Bei der Eilgutklasse Ie wird ein Zuschlag von 25% auf die Fracht berechnet. Bei der Eilgutklasse IIe wird kein Zuschlag berechnet. Der Eilgutzuschlag wird von der um die vereinbarte Marge verringerten oder vermehrten Grundfracht berechnet.

**Beispiel:**
Über eine Entfernung von 786 km sollen Güter mit einem Gewicht von 15100 kg als Eilgut der Klasse Ie befördert werden (Achsenwagen 14 m und mehr). Es wurde eine Minusmarge von 10% vereinbart.

```
frachtpflichtiges Gewicht = 15100 kg
Frachtsatz (15-t-Satz) = 13,67 DM für 100 kg
Frachtberechnung:   151 x 13,67 DM = 2064,17 DM =      2064,00 DM
- 10% Marge                            206,40 DM =       206,00 DM
Zwischensumme                                          1858,00 DM
+ 25% Eilgutzuschlag                   464,50 DM =      465,00 DM
Nettofracht                                            2323,00 DM
+ 14% MwSt.                                             325,22 DM
Frachtrechnungsbetrag                                  2648,22 DM
```

Besteht eine Wagenladung aus Gütern der Klasse Ie und IIe und ist das Gewicht nicht getrennt angegeben, so wird die ganze Sendung nach Eilgut Ie berechnet. Ist das Gewicht getrennt angegeben, so wird nach der Eilgutklasse abgerechnet, deren Gewicht überwiegt. Bei gleichem Gewicht wird nach Eilgutklasse Ie abgerechnet.

**Beispiele:**
1. Über eine Entfernung von 234 km sollen mit einem Achsenwagen (14 m und mehr) 20 t Güter der Eilgutklasse Ie und IIe befördert werden.

   ```
   Berechnung nach dem 20-t-Satz, Mindestgewicht 20000 kg
   Frachtsatz (20-t-Satz) = 5,84 DM für 100 kg
   Frachtberechnung:   200 x 5,84 DM = 1168,00 DM =      1168,00 DM
   + 25% Eilgutzuschlag                   292,00 DM =     292,00 DM
   Nettofracht                                           1460,00 DM
   + 14% MwSt.                                            204,40 DM
   Frachtrechnungsbetrag                                 1664,40 DM
   ```

2. Als Wagenladung (Achsenwagen, 14 m und mehr) sollen 5000 kg der Eilgutklasse Ie und 5050 kg der Eilgutklasse IIe über eine Entfernung von 765 km befördert werden.

   ```
   Berechnung nach dem 10-t-Satz, Mindestgewicht 10000 kg
   frachtpflichtiges Gewicht = 10050 kg = 10100 kg
   Frachtsatz (10-t-Satz) = 16,94 DM für 100 kg
   Frachtberechnung:   101 x 16,94 DM = 1710,94 DM =     1711,00 DM
   + 14% MwSt.                                            239,54 DM
   Frachtrechnungsbetrag                                 1950,54 DM
   ```

3. Es sollen 12500 kg der Eilgutklasse Ie und 12500 kg der Eilgutklasse IIe als eine Wagenladung (Achsenwagen 14 m und mehr) über eine Entfernung von 912 km befördert werden.

   ```
   Berechnung nach dem 25-t-Satz, Mindestgewicht 25000 kg
   Frachtsatz (25-t-Satz) = 12,01 DM für 100 kg
   Frachtberechnung:   250 x 12,01 DM = 3002,50 DM =     3003,00 DM
   + 25% Eilgutzuschlag                   750,75 DM =     751,00 DM
   Nettofracht                                           3754,00 DM
   + 14% MwSt.                                            525,56 DM
   Frachtrechnungsbetrag                                 4279,56 DM
   ```

### 3.2.2 Kühlwagenzuschlag

Werden bahneigene Kühlwagen benutzt, wird die Fracht um den Kühlwagenzuschlag erhöht.

Dieser beträgt:

| Tarifentfernung km | bei Verwendung von Kühlwagen | | Drehgestellwagen |
|---|---|---|---|
| | Achsenwagen mit einer Ladefläche | | |
| | bis 27 m² | von mehr als 27 m² | |
| | DM je Wagen | | |
| 1-400 | 148 | 185 | 269 |
| 401-800 | 169 | 232 | 344 |
| über 800 | 211 | 275 | 423 |

Bei Eilgutsendungen der Klasse Ie im Kühlwagen wird der Eilgutzuschlag vor dem Kühlwagenzuschlag berechnet.

**Beispiel:**
Güter mit einem Gewicht von 9870 kg werden in einem Kühlwagen (Achsenwagen mehr als 27 m²) als Eilgut der Klasse Ie über eine Entfernung von 675 km befördert. Es wurde eine Minusmarge von 10% vereinbart.
Berechnung nach dem 10-t-Satz, Mindestgewicht 10000 kg
Frachtsatz (10-t-Satz) = 15,98 DM für 100 kg

| | | |
|---|---|---|
| Frachtberechnung 100 x 15,98 DM = 1598,00 DM = | | 1598,00 DM |
| - 10% Marge | 159,80 DM = | 160,00 DM |
| Zwischensumme | | 1438,00 DM |
| + 25% Eilgutzuschlag | 359,50 DM = | 360,00 DM |
| Zwischensumme | | 1798,00 DM |
| + Kühlwagenzuschlag | | 232,00 DM |
| Nettofracht | | 2030,00 DM |
| + 14% MwSt. | | 284,20 DM |
| Frachtrechnungsbetrag | | 2314,20 DM |

### 3.2.3 Radioaktive Stoffe

Werden radioaktive Stoffe der Klasse 7, die in den Blättern 9-13 der Anlage zur GGVE/der Anlage I zur CIM (RID) aufgeführt sind, als Wagenladung befördert, wird für die gesamte Sendung ein Zuschlag von 50% auf die tarifmäßige Fracht (Grundfracht bzw. Maximal- oder Minimalfracht) erhoben.

**Beispiel:**
18315 kg radioaktives Material wird in einem Achsenwagen (Ladelänge 14 m und mehr) über eine Tarifentfernung von 1130 km befördert. Es wird eine Plusmarge von 10% vereinbart.

a) Berechnung nach **15-t-Satz**:
   frachtpflichtiges Gewicht = 18315 kg = 18400 kg
   Frachtsatz = 15,71 DM für 100 kg
   Frachtberechnung: 184 x 15,71 DM = 2890,64 DM=        2891,00 DM

b) Berechnung nach **20-t-Satz**:
Frachtmindestgewicht = 20000 kg

| | | |
|---|---|---|
| Frachtsatz = | 13,74 DM für 100 kg | |
| Frachtberechnung: 200 x 13,74 DM = 2748,00 DM | | 2748,00 DM |

c) Frachtberechnung nach dem günstigeren **20-t-Satz**     2748,00 DM
+ 10% Marge                                     274,80 DM =      275,00 DM
Zwischensumme                                                    3023,00 DM
+ 50% radioaktive Stoffe               1511,50 DM =     1512,00 DM
Nettofracht                                                              4535,00 DM
+ 14% MwSt.                                                        634,90 DM
Frachtrechnungsbetrag                                          5169,90 DM

Werden radioaktive Stoffe als Eilgut der Klasse Ie aufgegeben, so wird der Zuschlag für radioaktive Stoffe nicht um den Eilgutzuschlag erhöht.

**Beispiel:**
Als Eilgut der Klasse Ie werden 24925 kg radioaktive Stoffe in einem Achsenwagen (Ladelänge über 14 m) über eine Entfernung von 835 km befördert. Es wird eine Minusmarge von 5% vereinbart.

Berechnung nach dem 25-t-Satz, Mindestgewicht 25000 kg
Frachtsatz (25-t-Satz) = 11,60 DM für 100 kg
Frachtberechnung: 250 x 11,60 DM = 2900,00 DM =      2900,00 DM
- 5% Marge                                                  145,00 DM =       145,00 DM
Zwischensumme                                                        2755,00 DM
+ 25% Eilgutzuschlag                             688,75 DM =       689,00 DM
Zwischensumme                                                       3444,00 DM
+ 50% radioakt. Stoffe **(von 2755,00 DM)** = 1377,50 DM =     1378,00 DM
Nettofracht                                                              4822,00 DM
+ 14% MwSt.                                                        675,08 DM
Frachtrechnungsbetrag                                          5497,08 DM

**Übungsaufgaben**

Ermitteln Sie die Fracht für nachstehende Aufgaben:

(Bei den Aufgaben handelt es sich um Achsenwagen mit einer Ladelänge von 14 m und mehr.)

6) 15100 kg  -  Eilgut Ie  -  880 km  -  Marge -10%

7) 21000 kg  -  Eilgut IIe  -  460 km

8) 2500 kg  -  Eilgut Ie  -  515 km
     3450 kg  -  Eilgut IIe

9) 9450 kg  -  Eilgut Ie  -  1050 km  -  Kühlwagen  -  Marge +10%

10) 13100 kg  -  radioaktives Material  -  770 km  -  Marge -10%

### 3.2.4 Explosive Stoffe und Gegenstände

Für Wagenladungen mit Stoffen oder Gegenständen der Klasse 1, Unterklassen 1.1, 1.2, 1.3 und 1.5 der Anlage zur GGVE/der Anlage I zur CIM (RID), wir für die gesamte Wagenladung ein Zuschlag (Sicherheitszuschlag) erhoben. Dieser beträgt

- 159,00 DM für Wagenladungen mit Stoffen und Gegenständen der Unterklassen 1.2 und 1.3
- 477,00 DM für Wagenladungen mit Stoffen und Gegenständen der Unterklassen 1.1 und 1.5.

Der Sicherheitszuschlag wird nicht um den Eilgutzuschlag erhöht.

**Beispiel:**
Eine Wagenladung (Achsenwagen mit Ladelänge unter 14 m) explosiver Stoffe der Klasse 1.5 mit einem Gewicht von 9050 kg wird als Eilgut der Klasse Ie über eine Entfernung von 405 km befördert. Es wird eine Marge von +5% vereinbart.

Berechnung nach dem 10-t-Satz, Mindestgewicht 10000 kg
Frachtsatz (10-t-Satz) = 12,09 DM für 100 kg

| | | |
|---|---|---|
| Frachtberechnung: 100 x 12,09 DM = 1209,00 DM = | | 1209,00 DM |
| + 5% Marge | 60,45 DM = | 60,00 DM |
| Zwischensumme | | 1269,00 DM |
| + 25% Eilgutzuschlag | 317,25 DM = | 317,00 DM |
| Zwischensumme | | 1586,00 DM |
| + Sicherheitszuschlag | | 477,00 DM |
| Nettofracht | | 2063,00 DM |
| + 14% MwSt. | | 288,82 DM |
| Frachtrechnungsbetrag | | 2351,82 DM |

### 3.2.5 Güter in Sonderzügen

Werden Sonderzüge (§ 2 EVO) für Güter gestellt, wird die Fracht nach den tarifmäßigen Sätzen und Anwendungsbedingungen berechnet. Es werden mindestens 65,00 DM für den Tarifkilometer erhoben (**Mindestfracht = 1300,00 DM**). Die Eisenbahn bestimmt für den einzelnen Fall, ob die Güter als Eilgut aufzuliefern sind.

**Beispiel:**
In einem Sonderzug werden Güter mit einem Gewicht von 14875 kg über eine Entfernung von 105 km befördert (kein Eilgut).
Berechnung nach dem 15-t-Satz, Mindestgewicht 15000 kg
Frachtsatz (15-t-Satz) = 3,67 DM für 100 kg

| | |
|---|---|
| Frachtberechnung: 150 x 3,67 DM = 550,50 DM = | 551,00 DM |
| Mindestfracht | 1300,00 DM |
| + 14% MwSt. | 182,00 DM |
| Frachtrechnungsbetrag | 1482,00 DM |

### 3.2.6 Schienenfahrzeuge auf eigenen Rädern

Für Schienenfahrzeuge (ausgenommen Lokomotiven und andere Triebwagen), die auf eigenen Rädern befördert werden, wird die Fracht um **ein Viertel gekürzt**. Werden Sie als Eilgut der Klasse Ie befördert, wird die Fracht vor Berechnung des Eilgutzuschlages gekürzt. Als Frachtberechnungsmindestgewichte gelten diejenigen für Achsenwagen mit einer Ladelänge unter 14 m.

**Beispiel:**
Auf eigenen Rädern wird ein Fahrzeug im Gewicht von 37500 kg als Eilgut der Klasse Ie über eine Entfernung von 1200 km befördert.

Berechnung nach dem 25-t-Satz, frachtpflichtiges Gewicht 37500 kg
Frachtsatz (25-t-Satz) = 13,35 DM für 100 kg

| | | |
|---|---|---|
| Frachtberechnung: 375 x 13,35 DM = | 5006,25 DM = | 5006,00 DM |
| - 1/4 von 5006,00 DM | 1251,50 DM = | <u>1252,00 DM</u> |
| Zwischensumme | | 3754,00 DM |
| + 25% Eilgutzuschlag (von 3754,00 DM) = | 938,50 DM = | <u>939,00 DM</u> |
| Nettofracht | | 4693,00 DM |
| +14% MwSt. | | <u>657,02 DM</u> |
| Frachtrechnungsbetrag | | <u>5350,02 DM</u> |

### 3.2.7 Privatwagen

**1. Frachtberechnung bei Lastlauf**
Für Sendungen in Privatwagen wird die Fracht nach den Bestimmungen für Wagenladungen berechnet. Die berechnete Fracht wird um den sich aus der Tafel Privatwagenabschläge Abschnitt A und B (siehe "Tarifauszüge") ergebenden Betrag gekürzt. Mindestens wird aber die Leerlauffracht berechnet.

Für Sendungen in Privatkühlwagen wird der Kühlwagenzuschlag nicht erhoben.

**Beispiel:**
In einem Privatgüterwagen (Abschnitt B) wird eine Sendung von 43400 kg Kohle als Eilgut der Klasse Ie über eine Entfernung von 895 km befördert.

Berechnung nach dem 25-t-Satz, frachtpflichtiges Gewicht 43400 kg
Frachtsatz (25-t-Satz) = 11,90 DM für 100 kg

| | | |
|---|---|---|
| Frachtberechnung: 434 x 11,90 DM = 5164,60 DM = | | 5165,00 DM |
| - Privatwagenabschlag Abschnitt B | | |
| (15% von 5165,00 DM) = | 774,75 DM = | <u>775,00 DM</u> |
| Zwischensumme | | 4390,00 DM |
| + 25% Eilgutzuschlag | 1097,50 DM = | <u>1098,00 DM</u> |
| Nettofracht | | 5488,00 DM |
| + 14% MwSt. | | <u>768,32 DM</u> |
| Frachtrechnungsbetrag | | <u>6256,32 DM</u> |

**2. Frachtberechnung bei Leerlauf**
Leere Privatwagen werden gegen eine ermäßigte Fracht befördert, wenn der Wagen im Frachtbrief als "leer" bezeichnet ist und die Beförderung gegen die ermäßigte Fracht vom Absender durch einen Vermerk im Frachtbrief vorgeschrieben ist.

Die ermäßigte Fracht beträgt:

| Tarifentfernung | für Achsen- und Drehgestellwagen | Wageneinheiten |
|---|---|---|
| km | DM je Wagen/Wageneinheit | |
| bis 100 | 25 | 50 |
| 101 - 200 | 38 | 76 |
| 201 - 300 | 49 | 98 |
| 301 - 400 | 63 | 126 |
| 401 - 500 | 76 | 152 |
| 501 - 600 | 89 | 178 |
| 601 - 700 | 103 | 206 |
| über 700 | 115 | 230 |

Bei Wageneinheiten über 27 m Länge gelten je angefangene 27 m als eine Wageneinheit. Bei Auflieferung als Eilgut der Klasse Ie wird die dreifache Fracht erhoben.

**Beispiel:**
6 leere Privatwagen (Drehgestellwagen) werden als Eilgut der Klasse Ie aufgegeben. Tarifentfernung 650 km.

Berechnung nach 6 Wagen, 650 km
Fracht je Wagen = 103,00 DM
Frachtberechnung: 103,00 DM x 6 = 618,00 DM
Eilgutzuschlag (dreifache Fracht) 618,00 DM x 3                1854,00 DM
+ 14% MwSt.                                                      259,56 DM
Frachtrechnungsbetrag                                           2113,56 DM

**Übungsaufgaben**

Ermitteln Sie die Fracht für nachstehende Aufgaben:

11) Eine Wagenladung (Achsenwagen unter 14 m) explosive Stoffe der Klasse 1.5 im Gewicht von 14850 kg wird als Eilgut der Klasse Ie über eine Entfernung von 490 km befördert. Es wird eine Minusmarge von 5% vereinbart.

12) In einem Sonderzug werden Güter im Gewicht von 23475 kg über eine Entfernung von 165 km befördert. Es wird eine Minusmarge von 10% vereinbart.

13) Auf eigenen Rädern wird ein Fahrzeug im Gewicht von 30000 kg als Eilgut der Klasse Ie über eine Entfernung von 845 km befördert.

14) In einem Privatgüterwagen (Abschnitt B) wir eine Sendung im Gewicht von 39000 kg als Eilgut der Klasse Ie über eine Entfernung von 1320 km befördert.

15) Über eine Entfernung von 565 km werden fünf leere Privatwagen (Achsenwage) als Eilgut der Klasse Ie befördert.

## 3.3 Frachtberechnung Stückgut

### 3.3.1 Grundlagen der Frachtberechnung

Die Fracht wird für jede Sendung einzeln berechnet. Maßgebend für die Berechnung der Fracht sind

- das wirkliche (alles was zur Beförderung aufgegeben wird) Gewicht und der Rauminhalt der Sendung
- die Tarifentfernung
- die Ortsklasse des Versand- und Bestimmungsortes
- bei Sendungen bis 30 kg die Zahl der Stücke, aus denen die Sendung besteht
- bei Sendungen bis 25 kg, die aus einem Stück bestehen, die hierzu genannten Voraussetzungen (siehe "Tarifauszüge").

### 3.3.2 Rundungsregeln

a) Die Fracht wird bis 1000 kg auf volle kg (325,1 kg = 326 kg), über 1000 kg auf volle 100 kg aufgerundet.

b) Die errechneten Frachten für Sendungen bis 1000 kg und Hausfrachten werden auf volle 10 Pf kaufmännisch gerundet (251,22 DM = 251,20 DM; 165,15 DM = 265,20 DM).

c) Die errechneten Frachten für Sendungen über 1000 kg werden auf volle DM kaufmännisch gerundet (1225,14 DM = 1225,00 DM; 1391,50 DM = 1392,00 DM).

d) Einzelmaße bei der Ermittlung des Rauminhalts sperriger Sendungen werden auf volle Dezimeter in der Weise gerundet, daß weniger als 5 cm nicht, 5 cm und mehr als 1 dm gerechnet werden. Das Mindestmaß beträgt 1 dm.

e) Die Mehrwertsteuer wird auf den Pfennig genau berechnet.

### 3.3.3 Frachtberechnung

Die Fracht für Stückgut wird nach der Frachtentafel und dem Frachtsatzzeiger für Stückgut berechnet. Hierbei geht man mit dem frachtpflichtigen Gewicht und der Tarifentfernung in die Tabelle. Bis 1000 kg kann man die Nettofracht direkt aus der Frachtentafel ablesen, ab 1000 kg geht man in die Spalte Frachtsätze für mehr als 1000 kg und entnimmt den Frachtsatz pro 100 kg. Diesen multipliziert man mit dem durch hundert geteiltem frachtpflichtigen Gewicht und erhält so die Nettofracht.

**Beispiele:**
1. Über eine Entfernung von 391 km werden 675 kg Stückgut befördert.

   aus der Frachtentafel entnommene Fracht        224,20 DM
   + 14% MwSt.                                     31,39 DM
   Frachtrechnungsbetrag                          255,59 DM

2. Stückgut mit einem Gewicht von 1320 kg wird über eine Entfernung von 837 km befördert. Es wird eine Minusmarge von 10% vereinbart.

```
frachtpflichtiges Gewicht = 1320 kg = 1400 kg
Frachtsatz (837 km) = 33,46 DM für 100 kg
Frachtberechnung       33,46 DM x 14 = 468,44 DM =    468,00 DM
- 10% Marge                             46,80 DM =     47,00 DM
Nettofracht                                           515,00 DM
+ 14% MwSt.                                            72,10 DM
Frachtrechnungsbetrag                                 587,10 DM
```

**Übungsaufgaben**

Ermitteln Sie die Fracht für nachstehende Aufgaben:

| | | | | | |
|---|---|---|---|---|---|
| 16) | 700 kg | - | 518 km | - | Marge +10% |
| 17) | 1300 kg | - | 791 km | - | Marge -10% |
| 18) | 550 kg | - | 150 km | | |
| 19) | 1025 kg | - | 595 km | - | Marge -5% |
| 20) | 625 kg | - | 650 km | | |

## 3.4 Besondere Vorschriften für die Frachtberechnung Stückgut

### 3.4.1 Sperrige Stückgüter

Sendungen gelten als sperrig, wenn das wirkliche Gewicht unter 150 kg je $m^3$ Rauminhalt liegt. Der Rauminhalt wird aus größter Länge, größter Breite und größter Höhe - rechtwinklig gemessen - berechnet. Das der Frachtberechnung zugrundezulegende Gewicht beträgt 1,5 kg je **angefangene** 10 $dm^3$ Rauminhalt.

**Beispiele:**
1. Eine Stückgutsendung mit einem Gewicht von 408 kg und den Maßen 240 cm x 175 cm x 120 cm soll über eine Entfernung von 673 km befördert werden.

   frachtpflichtiges Gewicht:
   240 cm = 24 dm; 175 cm = 17,5 dm = 18 dm; 120 cm = 12 dm
   24 dm x 18 dm x 12 dm = 5184 $dm^3$ = 5190 $dm^3$ : 10 = 519 x 1,5 = 778,5 kg = <u>779 kg</u>

   ```
   Frachtberechnung: (779 kg, 673 km)
   aus Frachtentafel entnommene Fracht        304,50 DM
   + 14% MwSt.                                 42,63 DM
   Frachtrechnungsbetrag                      347,13 DM
   ```

2. Es werden über eine Entfernung von 494 km folgende Frachtstücke als eine Stückgutsendung aufgegeben:

   1. Frachtstück = 201 kg - 19 dm x 12 dm x 12 dm = 2736 $dm^3$
   2. Frachtstück = 253 kg - 21 dm x 15 dm x 12 dm = 3780 $dm^3$

frachtpflichtiges Gewicht:
1. Frachtstück = 2736 dm³ = 2740 dm³ : 10 = 274 dm³
                              274 x 1,5 =                         411 kg
2. Frachtstück = 3780 dm³ : 10 = 378 dm³ x 1,5 =                  567 kg
                                                                  978 kg

Frachtberechnung: (494 km, 978 kg)
aus Frachtentafel abgelesene Fracht                           305,70 DM
+ 14% MwSt.                                                    42,80 DM
Frachtrechnungsbetrag                                         348,50 DM

### 3.4.2 Radioaktive Stoffe

Werden radioaktive Stoffe der Klasse 7, die in den Blättern 9-13 der Anlage zur GGVE/der Anlage I zur CIM (RID) aufgeführt sind, als Stückgut befördert, wird für die gesamte Sendung ein Zuschlag von 100% auf die tarifmäßige Fracht (Grundfracht bzw. Maximal- oder Minimalfracht) erhoben.

**Beispiel:**
Über eine Entfernung von 398 km werden 491 kg radioaktives Material befördert. Es wird eine Minusmarge von 10% vereinbart.

Aus der Frachtentafel entnommene Fracht                       182,40 DM
- 10% Marge                          18,24 DM =                18,20 DM
Zwischensumme                                                 164,20 DM
+ 100% radioaktive Stoffe           164,20 DM =               164,20 DM
Nettofracht                                                   328,40 DM
+14% MwSt.                                                     45,98 DM
Frachtrechnungsbetrag                                         374,38 DM

### 3.4.3 Frachtberechnung von Einstücksendungen bis 25 und 30 kg

In der Frachtentafel für Stückgut sind für Sendungen aus **einem Frachtstück** mit einem **Frachtberechnungsgewicht bis 25 kg oder bis 30 kg** besondere Frachten angegeben. Die Frachten für Sendungen aus einem Frachtstück bis 25 kg enthalten das Entgelt für die Hauszustellung und sind anwendbar, wenn die Sendung nicht mit Nachnahme oder Barvorschuß belastet ist. Die Frachten für Sendungen aus einem Frachtstück bis 30 kg sind anwendbar, sofern nicht die 25 kg-Stufe in Anspruch genommen werden kann.

**Beispiele:**
1. Ein Paket mit einem Gewicht von 23 kg wird als Stückgut aufgegeben. Tarifentfernung = 234 km

    aus der Frachtentafel abgelesene Fracht                    22,00 DM
    + 14% MwSt.                          3,08 DM =              3,08 DM
    Frachtrechnungsbetrag                                      25,08 DM

2. Ein Paket mit einem Gewicht von 28,5 kg wird als Stückgut aufgegeben. Tarifentfernung = 315 km

    aus der Frachtentafel abgelesene Fracht                    19,30 DM
    + 14% MwSt.                                                 2,70 DM
    Frachtrechnungsbetrag                                      22,00 DM

**Übungsaufgaben**

Ermitteln Sie die Fracht für nachstehende Aufgaben:

21) Eine Stückgutsendung mit den Maßen 230 cm x 160 cm x 115 cm wird über eine Entfernung von 720 km befördert.
22) Ein Paket mit einem Gewicht von 21 kg wird als Stückgut aufgegeben (Tarifentfernung 290 km).
23) Über eine Entfernung von 630 km werden folgende Frachtstücke als eine Stückgutsendung aufgegeben:
    1. Frachtstück = 217 kg - 17 dm x 12 dm x 8 dm
    2. Frachtstück = 309 kg - 18 dm x 13 dm x 10 dm
24) Eine Stückgutsendung radioaktives Material mit einem Gewicht von 610 kg wird über eine Entfernung von 510 km befördert. Es wird eine Minusmarge von 10% vereinbart.
25) Ein Paket im Gewicht von 29,5 kg wird als Stückgut über eine Entfernung von 200 km befördert.

## 3.5 Frachtberechnung unter Verwendung von Lademitteln

Bei der Verwendung von Kleincontainern, Collico oder Paletten im Wagenladungs- und Stückgutverkehr soll die Haus zu Haus Beförderung von Einzelsendungen erleichtert werden. Das Eigengewicht der Kleincontainer, Collico und Paletten wird bei der Frachtberechnung nicht berechnet. Es wird also nur das Nettogewicht der Sendung berechnet. Bei Kleincontainern und Paletten werden jedoch folgende Mindestgewichte der Frachtberechnung zugrundegelegt:

**a) Kleincontainer**
A- Kleincontainer; Inhalt 1 $m^3$     Mindestgewicht  200 kg
B- Kleincontainer; Inhalt 2 $m^3$     Mindestgewicht  350 kg
C- Kleincontainer; Inhalt 3 $m^3$     Mindestgewicht  500 kg

**b) Paletten**
Für Flachpaletten und Gitterboxen            Mindestgewicht  150 kg

Außer der Fracht werden noch Containermieten bzw. Palettengebühren erhoben:

a) Containermieten:

| Auf eine Entfernung von Kilometern | Kleincontainer der Gattung | | |
|---|---|---|---|
| | A $1\ m^3$ | B mit einem Laderaum von $2\ m^3$ | C $3\ m^3$ |
| | DM | DM | DM |
| 1 - 400 | 7,50 | 13,00 | 16,00 |
| 401 und mehr | 12,00 | 20,00 | 25,00 |

45

b) Palettengebühren

Für den Tausch und für die Überlassung von Paletten im Stückgutverkehr wird eine Gebühr von:

- 2,50 DM für Flach- und
- 6,00 DM für Gitterboxen

erhoben.

**Beispiele:**
1. Es werden Maschinenteile auf fünf Flachpaletten mit einem Gesamtgewicht von 850 kg (Eigengewicht der Paletten je 30 kg) als Stückgut aufgegeben. Die Tarifentfernung beträgt 711 km.

   frachtpflichtiges Gewicht:
   850 kg - 150 kg (5 x 30 kg) = 700 kg
   **Mindestgewicht = 150 kg x 5 = 750 kg**

   | | |
   |---|---:|
   | Aus der Frachtentafel entnommene Fracht | 300,00 DM |
   | + Palettengebühr (5 x 2,50 DM) | 12,50 DM |
   | Nettofracht | 312,50 DM |
   | + 14% MwSt. | 43,75 DM |
   | Frachtrechnungsbetrag | 356,25 DM |

2. Es werden Güter in zwei A-Kleincontainer mit einem Gesamtgewicht von 1100 kg (Eigengewicht je Kleincontainer = 210 kg) als Stückgut über eine Entfernung von 598 km befördert.

   frachtpflichtiges Gewicht:
   1100 kg - 420 kg (2 x 210 kg) = 680 kg

   | | |
   |---|---:|
   | Aus der Frachtentafel entnommene Fracht | 267,60 DM |
   | + Containermiete (2 x 12,00 DM) | 24,00 DM |
   | Nettofracht | 291,60 DM |
   | + 14% MwSt. | 40,82 DM |
   | Frachtrechnungsbetrag | 332,42 DM |

## 3.6 Frachtberechnung bei Ausnahmetarifen

### 3.6.1 Grundlagen der Frachtberechnung

Die Ausnahmetarife enthalten entweder Frachtsätze in Pfennig/100 kg, gelegentlich auch in DM/100 kg bzw. DM/Tonne oder ausgerechnete Frachten in DM je Wagen, Großcontainer oder Zug.

Werden Frachtsätze bzw. Frachten erhöht oder ermäßigt, so sind die Frachtsätze der 25 t-Klasse in der Weise zu runden, daß Beträge unter 0,5 Pfennig nicht und Beträge von 0,5 Pfennig an für 1 Pfennig gerechnet werden. Ausgerechnete Frachten sind in der Weise zu runden, daß Beträge unter 50 Pfennig nicht und Beträge von 50 Pfennig an für volle DM gerechnet werden.

### 3.6.2 Ungleich tarifierte Güter

Sendungen, die aus:
- Gütern verschiedener Ausnahmetarife
- Gütern eines Ausnahmetarifs, der für sie verschieden hohe Frachtsätze vorsieht
- Gütern, von denen nur ein Teil durch Ausnahmetarife begünstigt wird

bestehen, gelten als ungleich tarifiert.

Sind die Gewichte der Güter im Frachtbrief getrennt angegeben, so wird die Fracht nach dem Tarif des Gutes berechnet, das dem Gewicht nach überwiegt. Sind die Gewichte der Güter gleich oder nicht getrennt angegeben, so wird die Fracht nach dem Tarif berechnet, der die höchste Fracht ergibt.

## 3.7 Hausfrachten

Die Anlage 5 des DEGT Teil I Abt. C enthält die Hausfrachten für die Beförderung auf der Straße. Sie werden:

a) im Versand für die Abholung der Sendung beim Absender (Hausfracht Versand)

b) im Empfang für die Zustellung der Sendung beim Empfänger (Hausfracht Empfang)

angewendet.

Zur Berechnung der Hausfrachten benötigt man das frachtpflichtige Gewicht der Sendung und die Ortsklasse des Stückgutortes. Die Ortsklasse entnimmt man der Anlage 2 des DEGT Teil I, Abt. C (Verzeichnis der im Stückgutverkehr der deutschen Eisenbahnen bedienten Orte).

Hausfrachten sind Höchstfrachten und dürfen nicht überschritten werden, jedoch kann die Eisenbahn zur Deckung außergewönlichen Aufwands Zuschläge zu den Hausfrachten erheben. Für Sendungen mit einem frachtpflichtigen Gewicht über 4000 kg werden die Hausfrachten vereinbart.

Die Hausfracht deckt nur die Leistung ab Haus des Versenders zum Stückgutbahnhof bzw. vom Stückgutbahnhof bis an das Haus des Empfängers. Die für die Beförderung vom Absender bis zum Empfänger zu zahlende Gesamtfracht setzt sich aus:

Hausfracht Abgangsort + Schienenfracht + Hausfracht Bestimmungsort zusammen.

**Beispiele:**
1. In Bochum (Ortsklasse 7) wird eine Stückgutsendung mit einem frachtpflichtigen Gewicht von 1350 kg zugestellt.

   | | |
   |---|---|
   | Hausfracht netto, bis 1500 kg (abgelesen) | 75,90 DM |
   | + 14% MwSt | 10,63 DM |
   | Hausfracht brutto | 86,53 DM |

2. Eine Stückgutsendung mit einem Gewicht von 725 kg wird von A-dorf (Ortsklasse 5) mit dem Lkw zum Stückgutbahnhof A-stadt, von A-stadt per Schienentransport nach B-stadt und von B-stadt mit dem Lkw nach B-dorf (Ortsklasse 9) befördert. Die Tarifentfernung von A-stadt nach B-stadt beträgt 632 km.

a) Hausfracht von A-dorf nach A-stadt
   Hausfracht netto, bis 800 kg (abgelesen)      50,50 DM

b) Schienenfracht von A-stadt nach B-stadt
   Schienenfracht netto, 725 kg, 632 km (abgelesen)      287,40 DM

c) Hausfracht von B-stadt nach B-dorf
   Hausfracht netto, bis 800 kg (abgelesen)      69,90 DM

d) Gesamtfracht netto = a + b + c      407,80 DM
   + 14% MwSt.      57,09 DM
   Frachtrechnungsbetrag      464,89 DM

**Übungsaufgaben**

Ermitteln Sie die Fracht für nachstehende Aufgaben:

26) Als Stückgut werden Waren auf drei Paletten mit einem Gesamtgewicht von 710 kg (Eigengewicht der Paletten je 30 kg) über eine Entfernung von 915 km befördert. Es wird eine Minusmarge von 10% vereinbart.

27) Es werden Güter in drei A-Kleincontainer mit einem Gesamtgewicht von 1500 kg (Eigengewicht je Kleincontainer = 210 kg) über eine Entfernung von 200 km befördert.

28) In Eschweiler (Ortsklasse 7) wird eine Stückgutsendung mit einem Gewicht von 2130 kg zugestellt.

29) Eine Stückgutsendung im Gewicht von 632 kg wird von A-dorf (Ortsklasse 11) mit dem Lkw zum Stückgutbahnhof A-stadt, von A-stadt auf der Schiene nach B-stadt und von B-stadt mit dem Lkw nach B-dorf (Ortsklasse 10) befördert. Die Tarifentfernung von A-stadt nach B-stadt beträgt 695 km.

30) Als Stückgut werden Waren auf sieben Paletten mit einem Gesamtgewicht von 1100 kg (Eigengewicht der Paletten je 30 kg) über eine Entfernung von 425 km befördert. Es wird eine Minusmarge von 10% vereinbart.

## 3.8 Zwischenortsverkehr/Partiefracht

### 3.8.1 Zwischenortsverkehr

Wird die Beförderung ausschließlich auf der Straße im Einzugsbereich eines Stückgutbahnhofs durchgeführt, so wird die Fracht nach der Hausfrachtentafel berechnet, und zwar:

a) zwischen zwei Stückgutorten aus der Summe der Hausfrachten nach den Ortsklassen der beiden Stückgutorte

b) zwischen einem Stückgutbahnhof und einem Stückgutort oder umgekehrt nach der Ortsklasse des Stückgutortes

c) zuzüglich wird jeweils ein Betrag in Höhe der Hausfracht für 100 kg nach Ortsklasse 7 für die Bearbeitung berechnet.

**Beispiel:**
Im Zwischenortsverkehr sollen 2850 kg mit einem Lkw von A-dorf (Ortsklasse 4) nach B-dorf (Ortsklasse 7) befördert werden.

| | |
|---|---|
| Hausfracht A-dorf für 2850 kg Ortsklasse 4 | 66,90 DM |
| Hausfracht B-dorf für 2850 kg Ortsklasse 7 | 83,60 DM |
| + Bearbeitung (für 100 kg Ortsklasse 7) | 12,00 DM |
| Nettofracht | 162,50 DM |
| + 14% MwSt. | 22,75 DM |
| Frachtrechnungsbetrag | 185,25 DM |

### 3.8.2 Partiefracht

Sendungen mit einem Gewicht von mehr als einer Tonne, die aber einen Güterwagen nicht komplett auslasten, befördert die Bahn als Partiefracht. Der Transport läuft hier zwischen 27 Partiefracht-bahnhöfen auf der Schiene. Die Frachtberechnung erfolgt nach dem Ausnahmetarif (AT) 480. Der Frachtberechnung wird das auf volle 100 kg aufgerundete wirkliche Gewicht, mindestens jedoch 4000 kg je Sendung, zugrundegelegt.

## 3.9 Nebenentgelte für Stückgut und Wagenladungen

Werden Nebenentgelte nach Maßeinheiten berechnet, so werden Teile davon immer voll gerechnet. Die ermittelten Beträge werden auf volle 10 Pf auf- bzw. abgerundet. Die im Tarif genannten Neben-entgelte enthalten - soweit nichts abweichendes bestimmt ist - keine Mehrwertsteuer.

### 3.9.1 Lieferwertangabe

Die Lieferwertangabe ist nur bei Wagenladungen möglich. Das Entgelt für die Lieferwertangabe beträgt je 10 DM Lieferwert und je 10 Tarifkilometer 0,1 Pf, mindestens für die Sendung 15,00 DM.

**Beispiele:**
1. Lieferwertangabe 2500,00 DM, Tarifentfernung 415 km

   Tarifentfernung = 415 km = 42 x 0,1 Pf = 4,2 Pf
   Berechnung = 2500,00 DM = 250 x 4,2 Pf          10,50 DM

   Es werden **15,00 DM** (Mindestentgelt) berechnet.

2. Lieferwertangabe 15000,00 DM, Tarifentfernung 926 km

   Tarifentfernung = 926 km = 93 x 0,1 Pf = 9,3 Pf
   Berechnung          15000,00 DM = 1500 x 9,3 Pf     139,50 DM

### 3.9.2 Nachnahme, Barvorschüsse, vorausgelegte Steuern und Zölle

Barvorschüsse bis zur Höhe von 50,00 DM werden dem Spediteur von der Bahn sofort bei Auflieferung des Gutes ausgezahlt. Nachnahmen für den Absender (ab 50,00 DM) können erst später ausgezahlt werden.

Die Nebenentgelte für die Bearbeitung betragen:

| Wagenladungsverkehr | Stückgutverkehr |
|---|---|
| bis 200 DM = 3,50 DM<br>bis 1000 DM = 6,90 DM<br>über 1000 DM = 13,50 DM | bis 200 DM = 3,60 DM<br>bis 500 DM = 6,80 DM<br>bis 1000 DM = 7,10 DM<br>über 1000 DM = 13,60 DM |

**Beispiel:**
Eine Wagenladung von 14900 kg wird über eine Entfernung von 700 km transportiert. Die Sendung ist mit einer Nachnahme von 4500,00 DM belastet.

Frachtsatz (15-t-Satz) = 13,00 DM für 100 kg
Frachtberechnung:         13,00 DM x 150                  1950,00 DM
+ Nachnahmeentgelt (über 1000 DM)                           13,50 DM
Zwischensumme                                             1963,50 DM
+ 14% MwSt.                                                274,89 DM
+ Nachnahme                                               4500,00 DM
Rechnungsbetrag                                           6738,39 DM

### Übungsaufgaben

Ermitteln Sie die Fracht für nachstehende Aufgaben:

31) Im Zwischenortsverkehr sollen 2700 kg mit einem Lkw von A-dorf (Ortsklasse 9) nach B-dorf (Ortsklasse 5) befördert werden.

32) Eine Wagenladung (Achsenwagen 14 m und mehr) im Gewicht von 20000 kg wird über eine Entfernung von 1100 km transportiert. Lieferwertangabe 8500 DM. Ermitteln Sie den Lieferwert.

33) Eine Wagenladung (Achsenwagen 14 m und mehr) im Gewicht von 10000 kg wird über eine Entfernung von 390 km befördert. Lieferwertangabe 2300 DM. Ermitteln Sie den Lieferwert.

34) Eine Wagenladung (Achsenwagen 14 m und mehr) von 22500 kg wird unfrei dem Empfänger über eine Tarifentfernung von 856 km zugestellt. Die Sendung ist mit einer Nachnahme von 13500,00 DM belastet.

### Zusammenfassende Aufgaben zur Frachtberechnung nach DEGT

35) Über eine Entfernung von 417 km werden 862 kg Stückgut befördert.

36) Über eine Entfernung von 300 km wird eine Stückgutsendung im Gewicht von 118 kg befördert.

37) Eine Stückgutsendung mit einem Gewicht von 365 kg und den Maßen 21 dm x 17 dm x 9 dm soll über eine Entfernung von 380 km befördert werden.

38) Über eine Entfernung von 605 km werden 741 kg radioaktives Material befördert. Es wird eine Minusmarge von 10% vereinbart.

39) In Bilshausen (Ortsklasse 9) wird eine Stückgutsendung mit einem frachtpflichtigen Gewicht von 1850 kg zugestellt.

40) Eine Wagenladung (Achsenwagen 14 m und mehr) im Gewicht von 13555 kg wird über eine Entfernung von 1330 km transportiert.

41) Über eine Entfernung von 429 km sollen Güter mit einem Gewicht von 23691 kg als Eilgut der Klasse Ie befördert werden (Achsenwagen 14 m und mehr). Es wird eine Plusmarge von 10% vereinbart.

42) Auf eigenen Rädern wird ein Fahrzeug im Gewicht von 32000 kg als Eilgut der Klasse Ie über eine Entfernung von 947 km befördert.

43) In einem Privatwagen (Abschnitt B) wird eine Sendung im Gewicht von 25000 kg als Eilgut der Klasse Ie über eine Entfernung von 738 km befördert.

44) Über eine Entfernung von 518 km wird eine Stückgutsendung mit einem Gewicht von 700 kg befördert.

45) Güter mit einem Gewicht von 24750 kg werden in einem Kühlwagen (Achsenwagen mehr als 27 m) über eine Entfernung von 610 km befördert.

# 4. Luftfrachtverkehr

Im Luftfrachtverkehr gilt der Tarif, der von den Fluggesellschaften in ihren Tarifhandbüchern veröffentlicht wurde. Der wichtigste Tarif, an dessen Herausgabe fast 100 Fluggesellschaften beteiligt sind, ist **"The Air Cargo Tariff"** (TACT).

Der TACT erscheint in drei Bänden:

- TACT rules
- TACT worldwide (except North Amerika)
- TACT North America.

Unter "Frachtrate" wird der Frachtsatz oder Transportpreis je kg oder lb verstanden, den die Luftverkehrsgesellschaft als Frachtführer dem Verlader für die Transportleistung in Rechnung stellt. Der englische Begriff "rate" ist auch im Deutschen üblich geworden.

Verschiedene Faktoren haben Einfluß auf die Bildung der Frachtraten, wie z.B. Struktur von Angebot und Nachfrage nach Verkehrsleistungen auf einer bestimmten Verkehrsrelation, Wert, Gewicht und Volumen der Güter, Konkurrenzbeziehungen und wirtschaftliche Struktur der Einzugsgebiete. Die Transportentfernung spielt im allgemeinen eine untergeordnete Rolle.

## 4.1 Ratengruppen

Der TACT ist in vier Hauptfrachtgruppen gegliedert.

### 4.1.1 Allgemeine Luftfrachtraten (General Cargo Rate)

Allgemeine Luftfrachtraten (CGR = General Cargo Rate) werden unterteilt in:

N = Normal-Rate (Normal Rate) - alle anderen Raten sind von ihr abgeleitet. Sie gelten für Sendungen im Gewicht bis zu 45 kg.
Q = Mengenrabattraten (Quantity Rates) - für Sendungen mit einem Gewicht ab 45 kg bzw. in Ausnahmefällen ab 100 kg angewendet.

Für verschiedene Konferenzgebiete gibt es weitere Mengenrabatt-Staffelungen (Breakpoints):

- ab 45 kg
- ab 200 kg
- ab 100 kg
- ab 300 kg
- ab 500 kg
- u.a. Einstufungen.

### 4.1.2 Warenklassenraten (Class Rates)

Warenklassenraten gelten für wenige namentlich genannte Warenarten, deren Frachtraten entweder erhöht oder verringert werden:

R = Ermäßigungen (Reduction)
S = Aufschläge (Surcharge).

Sie werden im Gegensatz zu den Allgemeinen Raten und den Spezialraten nicht in festen Geldbeträgen pro Gewichtseinheit veröffentlicht, sondern z.T. in Form von Prozentsätzen.

Es wird immer die Normalrate zugrundegelegt und dann ein bestimmter Prozentsatz aufgeschlagen oder abgezogen. In gewissen Fällen legen die Warenklassenraten auch eine besondere Berechnung der Mindestfrachtkosten fest.

### 4.1.3 Spezialfrachtraten (Specific Commodity Rate)

Spezialfrachtraten sind gegenüber der Normalfrachtrate stark ermäßigt.

Sie sind für den Verlader von besonderer Bedeutung. In der Regel haben die Spezialraten ein zu berechnendes Mindestgewicht, das zwischen 2 kg und 10000 kg liegen kann. Der Verlader kann eine Spezialrate bei einer Luftverkehrsgesellschaft beantragen, wenn er von einem bestimmten Abgangsflughafen zu einem bestimmten Zielflughafen regelmäßig Verladungen der gleichen Ware hat.

Der Antrag wird dann von den betreffenden Luftverkehrsgesellschaften an die IATA zur Genehmigung weitergereicht. Nach Befragung aller übrigen interessierten Gesellschaften wird die beantragte Spezialfrachtrate dann entweder abgelehnt oder genehmigt.

Vierstellige Kennziffern von C 0001 bis C 9999 verschaffen eine Übersicht der infragekommenden Warenbezeichnungen.

### 4.1.4 ULD-Tarife (Unit Load Device Rates)

Diese Tarife kommen zur Anwendung, wenn das Frachtgut in bestimmten Typen von Lademitteln, z.B. Container, Paletten, zum Versand kommt.

Zum Unterschied zu den sonstigen Raten sind die ULD-Tarife pro Einheit quotiert, d.h., es gibt eine festgelegte Gebühr für die Beförderung eines Behälters von A nach B.

Wichtig ist bei der Anwendung dieser Tarife, daß Absender und Empfänger den Behälter oder die Flugzeugpaletten selbst be- und entladen müssen.

## 4.2 Frachtberechnung

### 4.2.1 Grundlagen der Frachtberechnung

Wird eine Luftfrachtsendung von einem Verlader zur Verladung aufgegeben, so ist zunächst in der folgenden Reihenfolge (Ratenpriorität) zu prüfen, ob für diese Sendung

- eine Spezialrate besteht
- eine Warenklassenrate Anwendung findet
- die Allgemeine Frachtrate berechnet wird
- ein günstigerer ULD-Tarif anwendbar ist.

Gemäß dem Grundsatz der Ratenpriorität hat eine Spezialrate Vorrang vor einer Warenklassenrate und diese wiederum vor einer Allgemeinen Frachtrate. Die Allgemeine Frachtrate kommt folglich erst dann zur Anwendung, wenn für das betreffende Gut auf der gewünschten Strecke weder eine Spezialrate noch eine Warenklassenrate vorhanden ist.

Anders ist es mit den ULD-Tarifen, die auf Wunsch des Verladers jederzeit angewendet werden können, vorausgesetzt, daß keine einschränkenden Bestimmungen bestehen. Die Frachtberechnung erfolgt entweder nach dem Bruttogewicht oder aber nach dem Volumen der Sendung.

Bei Annahme der Güter müssen diese einmal gewogen (Ermittlung des Bruttogewichts) und zum anderen vermessen werden (Ermittlung des Volumens). Bei der Ermittlung des Volumens sind stets die größten rechtwinkligen Ausmaße der Sendung zu messen.

Wird die Sendung nach dem Gewicht berechnet, so ist zwischen dem tatsächlichen und dem zu berechnenden Gewicht zu unterscheiden. Grundlage der Frachtberechnung ist immer das "zu berechnende Gewicht".

Das tatsächliche Gewicht einer Sendung stimmt nur dann mit dem zu berechnenden Gewicht überein, wenn es genau auf volle oder halbe Kilogramm lautet. Ist das aber nicht der Fall, muß das tatsächliche Gewicht in das zu berechnende Gewicht durch Aufrundung auf das nächste halbe oder volle Kilogramm umgewandelt werden.

**Beispiele:**
a) tatsächliches Gewicht/zu berechnendes Gewicht:
    13,1 kg
    13,2 kg
    13,3 kg                       für alle nebenstehenden
    13,4 kg                       Gewichte ist das fracht-
    13,5 kg                       pfl. Gewicht: 13,5 kg.

b) tatsächliches Gewicht/zu berechnendes Gewicht:
    13,6 kg
    13,7 kg
    13,8 kg                       für alle nebenstehenden
    13,9 kg                       Gewichte ist das fracht-
    14,0 kg                       pfl. Gewicht: 14,0 kg.

Für "sperrige" Güter hat die IATA die Regelung getroffen, daß auf ein Gewichtskilogramm nur ein bestimmtes Maximum an Volumeneinheiten entfallen darf.

Die Volumeneinheiten wurden auf 6000 cm$^3$ je Kilogramm festgesetzt. Wird dieses Maximum überschritten, so ist die Frachtberechnung aufgrund der errechneten Volumeneinheiten vorzunehmen. Berechnet werden dann die sogenannten Volumen-Kilogramm.

Die Formel zur Ermittlung der Volumen-Kilogramm lautet:

$$\frac{\text{Länge x Breite x Höhe der Sendung in cm}}{6000 \text{ cm}^3/\text{kg}} = \text{Volumen-Kilogramm}$$

**Beispiel:**
Eine Sendung hat ein tatsächliches Gewicht von 20,9 kg, eine Länge von 60 cm, eine Breite von 60 cm und eine Höhe von 119 cm. Welches Gewicht ist der Frachtberechnung zugrundezulegen?

$$\frac{60 \text{ x cm x } 60 \text{ cm x } 119 \text{ cm}}{6000 \text{ cm}^3/\text{kg}} = 71,4 \text{ Volumen-Kilogramm}$$

Der Vergleich der ermittelten Volumen-Kilogramm (71,4) mit dem tatsächlichen Gewicht der Sendung (20,9) zeigt, daß die Volumen-Kilogramm das tatsächliche Gewicht übersteigen und deshalb für die Frachtberechnung herangezogen werden müssen.

Vorher sind aber die tatsächlichen Volumen-Kilogramm durch Aufrundung auf 71,5 umzuwandeln. Die so ermittelten 71,5 Volumen-Kilogramm sind jetzt mit der Frachtrate pro Kilogramm zu multiplizieren.

Die Untersuchung, ob Volumenfracht oder Gewichtfracht anzuwenden ist, bezieht sich immer auf die Gesamtsendung und nicht auf die einzelnen Packstücke.

Bei den folgenden Aufgaben ist nur ein Teil mit den Angaben "effektives Gewicht und Volumen" versehen, d.h., wenn kein Volumen angegeben ist, wird mit dem vorgegebenen Gewicht gerechnet. Ist das Volumen ausgewiesen, dann wird das angegebene Gewicht mit dem Volumen in Relation zueinander gestellt und somit das definitive frachtpflichtige Gewicht ermittelt.

## 4.3 Beispiele der Luftfrachtberechnung

### 4.3.1 Normalraten

**Beispiele:**
a) Gewicht der Sendung: 26,4 kg
   Abgangsflughafen: Köln
   Empfangsflughafen: Bremen
   Höhe der Luftfracht ?

Das Gewicht wird von 26,4 kg auf 26,5 kg gerundet (frachtpflichtiges Gewicht). Man liest in der Tabelle ALLGEMEINE RATEN innerhalb Deutschlands in DM pro kg die Rate -45 kg ab.

```
1,51 DM x 26,5 kg = 40,02 DM
+ 14% MwSt.      =  5,60 DM
                 = 45,62 DM
                 ========
```

b) Gewicht der Sendung: 40,7 kg
   Abgangsflughafen: Stuttgart
   Empfangsflughafen: Bremen
   Höhe der Luftfracht ?

Das Gewicht wird von 40,7 kg auf 41,0 kg gerundet. Man liest in der Tabelle ALLGEMEINE RATEN innerhalb Deutschlands in DM pro kg die Rate -45 kg ab.

```
2,64 DM x 41,0 kg = 108,24 DM
+ 14% MwSt.       =  15,15 DM
                  = 123,39 DM
                  =========
```

c) Gewicht der Sendung: 27,8 kg
   Abgangsflughafen: Bremen
   Empfangsflughafen: Johannesburg
   Höhe der Luftfracht ?

Das Gewicht wird, wie bereits gelernt, gerundet. Die Rate für Export unter Bremen nach Johannesburg -45 kg (N) rausgesucht und gerechnet:

```
21,75 DM x 28,0 kg = 609,00 DM
                   =========
```

Wichtig bei Exportberechnungen ist, daß dabei **keine Mehrwertsteuer** hinzugerechnet wird.

d) Gewicht: 23,0 kg
   Volumen: 75 x 75 x 43 cm
   Abgangsflughafen: Berlin
   Empfangsflughafen: Amman
   Höhe der Luftfracht ?

$$\frac{75 \text{ cm} \times 65 \text{ cm} \times 43 \text{ cm}}{6000 \text{ cm}^3/\text{kg}} = 34,938 = 35,00 \text{ Volumen-Kilogramm}$$

Hier ist das Volumen-Gewicht höher als das effektive Gewicht und kommt daher zur Berechnung:
```
9,83 DM x 35,0 kg = 344,05 DM
                  =========
```
Folgende Abkürzungen sind für die Aufgabenstellung zu merken:
G  = Gewicht
V  = Volumen
D  = Deklaration
AF = Abgangsflughafen
EF = Empfangsflughafen
LF = Luftfracht.

Die Tarifinformationen werden aus dem beiliegenden Tarifheft entnommen, das ergänzend zu verwenden ist.

**Übungsaufgaben**

Ermitteln Sie die Fracht für nachstehende Aufgaben.

1)    G : 25,0 kg
     AF: Bremen
     EF: Düsseldorf

2)    G : 38,0 kg
     AF: Düsseldorf
     EF: Westerland/Sylt

3)    G : 19,0 kg
     AF: Berlin
     EF: Bogota

4)    V : 60 cm x 60 cm x 30 cm
     G : 13,0 kg
     AF: Bremen
     EF: Dubai

5)    V : 40 cm x 30 cm x 20 cm
     G : 8,0 kg
     AF: Köln
     EF: Auckland

### 4.3.2 Mengenrabattraten

Die Mengenrabattraten, und darin liegt ihr Anreiz, bieten die Möglichkeit einer alternativen Frachtberechnung zwischen zwei Gewichtsklassen.

**Beispiel** (Berlin-Aalborg):
Es kann zwischen der N-Rate (-45 kg) und der Q-Rate (+45 kg) oder zwischen der + 45 kg- und der + 100 kg-Rate gewählt werden. Das günstigere Ergebnis ist abzurechnen. Dabei ist der Breakpoint zu beachten (siehe auch Tabelle 1).

**Beispiele:**
a)    G : 38,0 kg
     AF: Bremen
     EF: Stuttgart

     1.   allgemeine Lokalrate - 45 kg (N):
          2,64 DM x 38,0 kg = 100,32 ·DM

     2.   Rate ab + 45 kg (Q):
          1,98 DM x 45,0 kg =  89,10 DM ist günstiger und ergibt:
          + 14 % MwSt.     =   12,47 DM
                                     101,57 DM

Wichtig war bei 2. der Mulitiplikator 45.

b)  G : 55,0 kg
    AF: Nürnberg
    EF: Bremen

    Lokalrate ab + 45 kg (Q):
    1,86 DM x 55,0 kg = 102,30 DM
    + 14 % MwSt.     =  14,32 DM
                       116,62 DM
                       =========

c)  G : 250,0 kg
    AF: Berlin
    EF: Kalkutta

    1. Man geht in die Spalte + 100 kg-Rate:
       7,31 DM x 250,0 kg = 1827,50 DM

    2. Man geht in die Spalte + 300 kg-Rate:
       6,72 DM x 300,0 kg = 2016,00 DM

    Wichtig bei 2. war der Multiplikator 300.

    Allerdings ist das Ergebnis 1. mit 1827,50 DM günstiger
    und demnach abzurechnen!            ==========

d)  V : 106 x 88 x 40 cm
    G: 40,5 kg
    AF: Berlin
    EF: Birmingham (USA)

    Die Formel für das Volumen-Kilogramm wird angewendet.

    $$\frac{106 \text{ cm} \times 88 \text{ cm} \times 40 \text{ cm}}{6\,000 \text{ cm}^3/\text{kg}} = 62,18 = 62,5 \text{ Volumen-Kilogramm}$$

    Man rechnet mit der + 45 kg-Rate:

    5,65 DM x 62,5 kg = 353,13 DM
                       =========

**Übungsaufgaben**

Ermitteln Sie die Fracht für nachstehende Aufgaben.

6)  G : 49,0 kg
    AF: Hamburg
    EF: Köln

7)  G : 38,0 kg
    AF: Stuttgart
    EF: Saarbrücken

8)  G : 280,0 kg
    AF: Berlin
    EF: Detroit

9)  G : 80,0 kg
    AF: Bremen
    EF: Melbourne

10) V : 114 x 70 x 45 cm
    G : 35,0 kg
    EF: Köln
    EF: Budapest

4.3.3 Mindestfrachtbeträge

Der Tarif führt Mindestfrachtkosten für die Beförderung von Luftfrachtsendungen auf. Diese Mindestfrachtkosten dürfen nicht unterschritten werden. Am Beispiel Berlin - Bilbao weist der Tarif M (Mindestfracht) 120,00 DM aus.

**Beispiele:**
a)  G : 20,0 kg
    AF: Bremen
    EF: Zürich

    Die Normalrate bis 45 kg (N) wird berechnet:
    2,72 DM x 20,0 kg = 54,40 DM

    Die Mindestfracht beträgt gem. Tarif jedoch
    120,00 DM und wird demnach berechnet!
    =========

b)  G : 4,0 kg
    AF: Bremen
    EF: Wellington

    Die Normalrate bis 45 kg (N) wird berechnet:
    32,07 DM x 4,0 kg = 128,28 DM

    Die Mindestfracht beträgt gem. Tarif 165,00 DM
                                        =========

**Übungsaufgaben**

Ermitteln Sie die Fracht für nachstehende Aufgaben.

11) G : 30,0 kg
    AF: Berlin
    EF: Denver

12) G : 10 kg
    AF: Berlin
    EF: Edinburgh

13) G : 15,0 kg
    AF: Berlin
    EF: Veracruz

14) G : 28,0 kg
    AF: Köln
    EF: Aalburg

15) G : 4,0 kg
    AF: Bremen
    EF: Windhoek

## 4.3.4 Berechnung von Warenklassenraten

Über die einführenden Erläuterungen der Warenklassenraten bedarf es weiterer Details, da die Frachtberechnung bei den Warenklassenraten etwas komplizierter ist.

1. **Zeitungen, Zeitschriften, Bücher, Magazine, Kataloge und Blindenschriftausrüstungen:**

   Sendungen ab 5 kg und mehr können zu ermäßigten Raten befördert werden. Es werden die normalen Mindestfrachtkosten berechnet.

   Die Bestimmungen und Ausnahmeregelungen sind abhängig vom Abgangs- und Bestimmungsland und können TACT Rules 3.7.7 entnommen werden.

   Wichtige Ermäßigungen:

   - 50% auf die Allgemeine Rate unter 45 kg
   - 33% auf die Allgemeine Rate unter 45 kg
     innerhalb Europas und zwischen Europa und
     Nord-/Mittel-/Südamerika.

2. **Unbegleitetes Reisegepäck:**

   Sendungen mit unbegleitetem Reisegepäck können zu ermäßigten Raten befördert werden (ausgenommen innerhalb Europas sowie von/nach USA), unterliegen jedoch bestimmten Bedingungen.

   Das Mindestgewicht 10 kg oder die Mindestfrachtgebühr, der höhere Betrag, wird erhoben. Die Bestimmungen und Ausnahmeregelungen sind abhängig vom Abgangs- bzw. Bestimmungsland und können TACT Rules 3.7.8 entnommen werden.

3. **Lebende Tiere:**

   Die Berechnung bei Tierbeförderungen unterliegt verschiedenen Aufschlägen. Die Bestimmungen und Ausnahmeregelungen unterscheiden sich in vielen Verkehrsgebieten. Eine Übersicht befindet sich in den beiliegenden Tarifinformationen.

4. **Sterbliche Überreste:**

   Zwischen/innerhalb Europa/Afrika und Nahost wird ein Aufschlag von 100 % auf Särge und 200 % auf Urnen erhoben.

Zwischen Europa und Amerika/Fernost/Australien werden Särge und Urnen zur Unter-45-kg- bzw. Unter-100-kg-Rate ohne Aufschlag befördert.

5. **Wertfrachten sind:**

   - Alle Güter mit einem deklarierten Beförderungswert von US-$ 1000,00 (oder Gegenwert) oder darüber je Brutto-Kilogramm (kg)
   - Goldbarren (einschließlich gereinigtes und ungereinigtes Gold in Blockform), "dore bullion", Goldmünzen und Gold in Form von Körnern, Blättern, Belag, Puder, Schwämmen, Drähten, Stangen, Röhren, Reifen, Formen und Gußwaren
   - Platin, Platinmetalle (Palladium, Iridium, Ruthenium, Osmium und Rhodium) und Platinlegierungen in Form von Körnern, Schwämmen, Barren, Blöcken, Blättern, Stangen, Drähten, Gaze, Röhren und Streifen (ausgenommen radioaktive Isotopen der o.g. Metalle und Legierungen, die den Bezettelungsvorschriften der DGR-Bestimmungen unterliegen)
   - gültige Banknoten, Reiseschecks, Wertpapiere, Aktien, Aktiencoupons und Brief-/Wertmarken
   - Diamanten (einschließlich Industriediamanten), Rubinen, Smaragden, Saphiren, Opalen und echte Perlen (einschließlich Zuchtperlen)
   - Schmuck und Uhren aus Silber und/oder Gold und/oder Platin
   - Gegenstände aus Gold und/oder Platin, ausgenommen mit Gold und/oder Platin belegte Gegenstände.

Für diese Sendungen wird ein Aufschlag von 100 % auf die Unter-45-kg-Rate bzw. die Unter-100-kg-Rate erhoben. Mengenrabatt wird nicht gewährt. Es gelten die doppelten Mindestfrachtgebühren, jedoch nicht weniger als 50,00 US-$ bzw. Gegenwert in DM berechnet gemäß TACT Rules 5.2.2. Für Sendungen über 1000,0 kg bestehen teilweise niedrigere Raten.

**Beispiele:**

a)  G : 32,0 kg
    D : Zeitschriften
    AF: Köln
    EF: Glasgow

   Warenklassenrate für Zeitschriften/Rate bis 45 kg
   ./. 33 % Ermäßigung für Europa:

   5,66 DM x 32,0 kg = 181,12 DM
   ./. 33 % Erm.     =  <u>59,77 DM</u>
                      121,35 DM
                      =========

b)  G : 54,0 kg
    D : Kataloge
    AF: Bremen
    EF: Taipei

   Warenklassenrate für Kataloge/Rate bis 45 kg
   ./. 50 % Ermäßigung außerhalb Europa:

   8,70 DM x 54,0 kg = 469,80 DM
   ./. 50 % Erm.     = <u>234,90 DM</u>
                       234,90 DM
                       =========

c) G : 130,- kg
   D : sterbliche Überreste
   AF: Köln
   EF: Los Angeles.

   Rate bis 45 kg ohne Aufschlag:

   6,78 DM x 130,0 kg = 881,40 DM
   =========

   Für sterbliche Überreste wird im Atlantikverkehr kein Zuschlag erhoben.

**Übungsaufgaben**

Ermitteln Sie die Fracht für nachstehende Aufgaben.

16) G : 25,0 kg
    D : Wertpapiere
    AF: Berlin
    EF: Bern

17) G : 84,2 kg
    D : Bücher
    AF: Berlin
    EF: Helsinki

18) G : 32,8 kg
    D : unbegleitetes Fluggepäck
    AF: Bremen
    EF: Tokio

19) G : 68,3 kg
    D : Blindenschriftausrüstungen
    AF: Bremen
    EF: Tuscon

20) G : 80,0 kg
    D : 1 Hund im Transportbehälter
    AF: Köln
    EF: Mombasa

### 4.3.5 Berechnung von Spezialraten

Wie bereits erwähnt, sind Spezialraten besonders **stark ermäßigte Raten**, die nur für ganz bestimmte Waren und Warengruppen auf bestimmten Strecken angewandt werden dürfen und ein zu berechnendes Mindestgewicht voraussetzen. Die in der Spezialraten-Tabelle genannten Sondertarife sind innerhalb der alphabetisch geordneten Orte nach folgenden Warengruppen aufgeführt:

0001-0999: Genießbare Tier- und Pflanzenprodukte

1000-1999: Lebende Tiere und ungenießbare Tier- und Pflanzenprodukte

2000-2999: Textilien - Fasern und Fertigwaren

3000-3999: Metalle und Metallartikel, ausgenommen Maschinen und Elektroausrüstungen

4000-4999: Maschinen, Fahrzeuge und Elektro- ausrüstungen

5000-5999: Nichtmetallische Mineralien und Fertigwaren

6000-6999: Chemikalien und verwandte Erzeugnisse

7000-7999: Papier, Rohr, Kautschuk und Holzerzeugnisse

8000-8999: Wissenschaftliche Berufs- und Präzisions- instrumente, Apparate und Zubehör

9000-9999: Verschiedenes.

**Beispiele:**
a)    G : 150,0 kg
      D : Motorroller
      AF: Berlin
      EF: Accra

      Motorroller haben von Berlin nach Accra die Spezialrate C 4235:
      ab + 100 kg: 9,79 DM
      ab + 250 kg: 8,51 DM.

      1. 9,79 DM x 150 = 1468,50 DM günstiger
      ==========

      2. 8,51 DM x 250 = 2127,50 DM

      Die Rate zu a) ist günstiger und wird demnach berechnet!

b)    G : 100,0 kg
      D : Modeschmuck
      AF: Bremen
      EF: Lagos

      Modeschmuck hat von Berlin nach Lagos die Spezialrate C 9001 mit 10,60 DM für + 100 kg:

      10,60 DM x 100 = 1060,00 DM
      ==========

c)    G : 50,0 kg
      D : Nahrungsmittel und Gewürze
      AF: Berlin
      EF: Recife

      Nahrungsmittel von Berlin nach Recife haben die Spezialrate C 9701 mit 9,39 DM für + 45 kg:

      9,39 DM x 50 = 469,50 DM
      =========

**Übungsaufgaben**

Ermitteln Sie die Fracht für nachstehende Aufgaben.

21) G : 120,0 kg
    D : Korallen
    AF: Köln
    EF: Atlanta

22) G : 260,0 kg
    D : Projektionsinstrumente
    AF: Köln
    EF: Ndola

23) G : 110,0 kg
    D : Zeitschriften
    AF: Berlin
    EF: Athen

24) G : 250,0 kg
    D : elektrische Ausrüstungen
    AF: Köln
    EF: Monrovia

25) G : 150,0 kg
    D : Schuhwaren
    AF: Bremen
    EF: Ndola

# 5. Seeschiffahrt

Die Seeschiffahrt ist in bezug auf die Tarifgestaltung bereits weitgehend liberalisiert, d.h., es gibt zwar ein gewisses Tarifgefüge, daß das mathematische Gerippe für die Berechnung der Seefrachtraten bildet, jedoch bilden sich die Basisraten weitgehend nach Angebot und Nachfrage auf dem freien Markt.

Selbst die "klassische Konferenz" und der allzeit nicht so geliebte "Outsider" haben einen Annäherungsprozeß hinter sich und unterscheiden sich in ihren Tarifstrukturen kaum noch. Auch ist die Reederei selbst in einem Fahrtgebiet Mitglied in der Konferenz und in einem anderen Fahrtgebiet als Outsider auf dem Markt.

Insider behaupten gar, daß selbst in der Konferenz etliche als Outsider agieren (Nebenabsprachen mit den Verladern) und sich manche Outsider im Preisgefüge wie Konferenzen gebärden.

Letzten Endes reguliert sich der Markt oft selbst, jedoch oftmals bis in den ruinösen Wettbewerb.

Nichtsdestotrotz hat die Entwicklung vom starren Tarifgefüge hin zu Tarifen auf denen man "Klavier spielen kann" den Verladern (ob verladende Wirtschaft oder Spedition) eine breitere Kalkulationsbasis geschaffen. Dadurch ist das Tarifimage der Seeschiffahrt vielen anderen Verkehrszweigen weit voraus.

## 5.1 Grundlagen und Faktoren der Frachtberechnung in der Seeschiffahrt

### 5.1.1 Reine Gewichtsraten

Reine Gewichtsraten fußen bei der Frachtberechnung lediglich auf dem Gewicht der Sendung.

Das Volumen, sprich die Abmessungen der Sendung, spielt überhaupt keine Rolle. Die Sperrigkeit einer Sendung ist somit bei dieser Form von Seefracht belanglos. Die Berechnung der Seefracht richtet sich nur nach den Tonnen (1000 kg).

Die Seefrachtrate wird hinter dem Betrag mit einem G für Gewicht oder einem W für Weight versehen.

### 5.1.2 Reine Maßraten

Reine Maßraten basieren nur auf dem Volumen der Sendung. Das Gewicht spielt hier keine Rolle. Die Berechnung der Seefracht richtet sich nur nach den Kubikmetern ($m^3$).

Die Seefrachtrate wird hinter dem Betrag mit einem M für Maß oder Measurement versehen.

### 5.1.3 Maß-/Gewichtsraten (M/G) nach Reeders Wahl

Die M/G-Rate (Maß oder Gewicht) gibt der Reederei (nach Reeders Wahl) das Recht, den höheren Multiplikator anzuwenden.

**Beispiel:**
Ein Volumen von 3 $m^3$ entspricht dem Gewicht von 1 t = Multiplikator 3.
Ein Volumen von 1 $m^3$ entspricht einem Gewicht von 3 t = Multiplikator 3.

### 5.1.4 Maßstaffel

Die Formel für die Maßstaffel (bis x messend) lautet:
$$\frac{m^3}{t} = x \text{ messend}$$

**Beispiel:**
$$\frac{3 \ m^3}{1 \ t} = 3 \text{ x messend}$$

Zwischen M/G und der Maßstaffel besteht also ein direkter mathematischer Zusammenhang beim Vergleich des Volumens und des Gewichts.

### 5.1.5 fob-Wert-Staffel

Eine weitere Variante der Seefrachtberechnung bildet die fob-Wert-Staffel. Sie legt den fob-Wert einer Sendung zugrunde. Nähere Erläuterungen auch hierzu bei den Beispielen.

### 5.1.6 Zu- und Abschläge auf die Seefracht

Die Zu- und Abschläge von der Seefracht bilden ein breites Spektrum in der Seefrachtberechnung:

- **CAF** (Currency Adjustment Factor) = Währungsausgleichsfaktor, paßt die Höhen und Tiefen der Währung (US-$) an. Dieser Faktor kann Plusfaktor (+) oder auch Minusfaktor (-) sein.
- **BAF** (Bunker Adjustment Factor) = Bunkerölausgleichsfaktor, paßt die Höhen und Tiefen der Bunkerung (Mineralölpreis) eines Schiffes an. Dieser Faktor kann Plusfaktor (+) oder auch Minusfaktor (-)sein.
- **Congestion Surcharge** = Verstopfungszuschlag, wird erhoben, wenn ein Hafen verstopft ist, d.h., Schiffe nicht in den Hafen kommen und vor dem Hafen lange liegen bleiben müssen (z.B. hohes Schiffsaufkommen in Bombay).
- **War Risk** = Kriegsrisiko, Zuschlag wegen Krieg oder Kriegsgefahr (z.B. Irak-Krieg).
- **Zeitrabatt** = in der Regel 10% Nachlaß, die von der Reederei gewährt werden und für den Zeitraum von einem halben Jahr aufgerechnet und ausgezahlt werden.

- **Sofortrabatt** = in der Regel 9,5% Nachlaß, die von der Reederei sofort, d.h. unmittelbar bei Berechnung der Seefracht abgezogen werden.

Neben den letztgenannten Rabatten gibt es weitere Formen von Rabatten, die spezielle Voraussetzungen haben. Eine besondere Form von Zuschlägen bilden

- **Heavy Lift** (H.L.) = Schwergewichtszuschlag
- **Long Length** (L.L.) = Längenzuschlag.

### 5.1.7 Konsekutive Seefrachtberechnung und Berechnung von der Grundfracht

Die Seefracht kann in konsekutiver Weise von den jeweiligen Zwischenergebnissen errechnet oder in direkter Weise von der Grundfracht ermittelt werden. Von Konferenz zu Konferenz, aber auch von Outsider zu Outsider, gibt es darüber hinaus verschiedene Ermittlungsschemata bei der Berechnung des gesamten Seefrachtbetrages (incl. Zu- und Abschläge).

### 5.1.8 Pauschalraten

Pauschalfrachten orientieren sich in der Regel nicht an dem Gewicht oder Volumen einer Sendung, sondern an der Transporteinheit, bzw. sie beziehen sich auf nur eine Transporteinheit. Dies ist bei den 20'- und 40'-Container der Fall. Auch hier gibt es von Reederei zu Reederei verschiedene Varianten der Containerpreise (z.B. all in-Raten).

### 5.1.9 Umrechnung der Seefrachtraten in eine andere Währung

Die Seefrachtraten sind fast alle in US-$ ausgewiesen und müssen deshalb in die jeweilige Landeswährung umgerechnet werden.

## 5.2 Frachtberechnung

### 5.2.1 Reine Gewichtsraten

Reine Gewichtsraten legen also das Gewicht der Sendung zugrunde und lassen das Volumen unberücksichtigt.

**Beispiele:**
a)    Gewicht: 18220,0 kg
       Rate: 187,50 US-$ G

Das G hinter der Ratenangabe bedeutet Gewicht, also Rate je 1000 kg (1 t). Demnach wird gerechnet:

187,50 US-$ x 18,220 t = 3416,25 US-$

b) Gewicht: 6310 kg
   Rate: 270,50 US-$ G

   270,50 US-$ x 6,310 t = 1706,86 US-$

Nachfolgend die für die Seefrachtberechnung wichtigsten Abkürzungen:

G   = Gewicht
V   = Volumen
A   = Abmessungen
R   = Seefrachtrate
CAF = Währungsausgleichsfaktor
BAF = Bunkerölausgleichsfaktor
CS  = Verstopfungszuschlag
WR  = Kriegsrisiko
SR  = Sofortrabatt
ZR  = Zeitrabatt
HL  = Schwergewichtszuschlag
LL  = Längenzuschlag
K   = Kurs

**Übungsaufgaben**

Ermitteln Sie die Fracht für nachstehende Aufgaben.

1) G: 8180,0 kg
   R: 120,00 US-$ G

2) G: 10 200,0 kg
   R: 150,00 US-$ G

3) G: 5300,0 kg
   R: 175,80 US-$ G

4) G: 18 182,0 kg
   R: 232,50 US-$ G

5) G: 16 300,0 kg
   R: 350,00 US-$ G

5.2.2   Reine Maßraten

Bei den reinen Maßraten wird nur das Volumen der Sendung, nicht das Gewicht berücksichtigt.

**Beispiele:**
a)   V: 4,350 m$^3$
     R: 120,00 US-$ M

Das M hinter der Rate bedeutet, daß die Grundlage das Maß der Sendung ist. Die Fracht gilt für je 1 Kubikmeter, also wird gerechnet:
120,00 US-$ x 4,350 m³ = 522,00 US-$

b) V: 16,341 m³
R: 150,80 US-$ M

150,80 US-$ x 16,341 m³ = 2464,22 US-$

**Übungsaufgaben**

Ermitteln Sie die Fracht für nachstehende Aufgaben.

6) V: 12,120 m³
R: 180,00 US-$ M

7) V: 8,180 m³
R: 280,00 US-$ M

8) V: 3,150 m³
R: 280,00 US-$ M

9) V: 7,250 m³
R: 375,00 US-$ M

10) V: 10,730 m³
R: 75,00 US-$ M

5.2.3 Maß-/Gewichtsraten (M/G)

Maß und Gewicht werden gegenübergestellt und dann der höhere Multiplikator (nach Reeders Wahl) herausgesucht.

**Beispiele:**
a) G: 1900,0 kg
V: 3,4 m³
R: 159,00 US-$ M/G.

Der Multiplikator nach "Reeders Wahl" ist mit 3,4 (m³) höher als 1,9 (t), demnach wird gerechnet:
150,00 US-$ x 3,4 m³ = 510,00 US-$

b) G: 3400,0 kg
V: 1,9 m³
R: 180,00 US-$ M/G.

Der Multiplikator ist nach "Reeders Wahl" mit 3,4 (t) höher als 1,9 (m³), darum wird gerechnet:
180,00 US-$ x 3,4 t = 612,00 US-$

c)  G: 2100,0 kg
    A: 2,00 m x 1,00 m x 1,80 m
    R: 200,00 US-$ M/G.

   Das Volumen ist anhand der Abmessungen zu berechnen, also
   Länge x Breite x Höhe =
   2,00 m x 1,00 m x 1,80 m = 3,600 m³.
   Das Maß ist mit 3,6 (m³) nach "Reeders Wahl" höher als das
   Gewicht von 2,1 t, demnach wird berechnet:

   200, US-$ x 3,6 m³ = 720,00 US-$
   ============

**Übungsaufgaben**

Ermitteln Sie die Fracht für nachstehende Aufgaben.

11) G: 2300,0 kg
    V: 3,7 m³
    R: 85,00 US-$ M/G

12) G: 8400,0 kg
    V: 6,4 m³
    R: 175,00 US-$ M/G

13) G: 1200,0 kg
    A: 1,20 x 1,00 x 1,50 m
    R: 220,00 US-$ M/G

14) G: 5000,0 kg
    A: 1,00 x 2,00 x 1,00 m
    R: 232,80 US-$ M/G

15) G: 1200,0 kg
    A: 2,00 x 1,70 x 1,60 m
    R: 300,50 US-$ M/G


### 5.2.4 Maßstaffel

Frachtraten können auch nach einer Maßstaffel berechnet werden.
Hier ist maßgebend, wieviel "mal messend" eine Sendung ist.

**Beispiele:**
a)  G: 3500,0 kg
    V: 7 m³
    R: 250,00 US-$ M/G bis 2 x messend
       300,00 US-$ M/G bis 3 x messend

   Es muß ermittelt werden, wieviel x messend die Ware ist. Dazu
   wird folgende Formel angewandt:
   $$\frac{m^3}{t} = x \text{ messend}$$

   Das bedeutet: $\frac{7 \text{ m}^3}{3,5 \text{ t}} = 2 \text{ x messend}$

Man geht in die Maßstaffel bis 2 x messend:

250,00 US-$ x 7 m³ = 1750,00 US-$

b)  G: 2000,0 kg
    V: 8 m³
    R: 150,00 US-$ M/G bis 3 x messend
       200,00 US-$ M/G bis 4 x messend

    $\frac{8\ m^3}{2\ t}$ = 4 x messend

    Man geht in die Maßstaffel bis 4 x messend:

    200,00 US-$ x 8 = 1600,00 US-$

**Übungsaufgaben**

Ermitteln Sie die Fracht für nachstehende Aufgaben.

16) G: 3600,0 kg
    V: 8,2 m³
    R: 200,00 US-$ M/G bis 2 x messend
       300,00 US-$ M/G bis 3 x messend

17) G: 5100,0 kg
    V: 9,3 m³
    R: 120,00 US-$ M/G bis 2 x messend
       150,00 US-$ M/G bis 3 x messend

18) G: 1800,0 kg
    V: 5,8 m³
    R: 180,00 US-$ M/G bis 3 x messend
       200,00 US-$ M/G bis 4 x messend

19) G: 3000,0 kg
    V: 14 m³
    R: 250,00 US-$ M/G bis 4 x messend
       300,00 US-$ M/G bis 5 x messend

20) G: 5200,0 kg
    V: 6 m³
    R: 80,00 US-$ M/G bis 2 x messend
       90,00 US-$ M/G bis 3 x messend

## 5.2.5 fob-Wert-Staffel

Frachtraten können in der Seeschiffahrt auch nach einer fob-Wert-Staffel berechnet werden.

**Beispiele:**
a)  G: 3000,0 kg
    V: 4 m³
    fob-Wert ingesamt: 6000,0 US-$ für die Sendung

R: fob-Wert bis 1000,00 US-$ p. frt. = 100,00 US-$ M/G
fob-Wert bis 2000,00 US-$ p. frt. = 200,00 M/G

Der Gesamt-fob-Wert von 6000,00 US-$ wird auf eine frt. (Frachttonne = Berechnungsgrundlage für Maß oder Gewicht) heruntergerechnet.

Dazu wird folgende Formel benötigt:
$$\frac{\text{Gesamtwert fob}}{\text{frt.}} = \text{fob-Wert für die frt. für die fob-Wert-Staffel.}$$

$$\frac{\text{Gesamtwert fob}}{\text{frt}}: \frac{6000,00 \text{ US-\$}}{4 \text{ m}^3} = 1500,00 \text{ US-\$ p. frt. für die fob-Wert-Staffel.}$$

Die Frachttonne war in unserem Beispiel der Kubikmeter. Die Rechnung sieht jetzt so aus:

200,00 US-$ x 4 m$^3$ = 800,00 US-$
============

b) G: 6000,0 kg
V: 2 m$^3$
fob-Wert insgesamt: 12000,00 US-$ für die Sendung.
R: fob-Wert bis 2500,00 US-$ p. frt. = 250,00 M/G
fob-Wert bis 3000,00 US-$ p. frt. = 300,00 M/G

$$\frac{12000,00 \text{ US-\$}}{6 \text{ t}} = 2000,00 \text{ US-\$ p.frt. für die fob-Wert-Staffel.}$$

In diesem Beispiel war die Frachttonne die Tonne.

Es wird gerechnet:

250,00 US-$ x 6 t = 1500,00 US-$
============

## Übungsaufgaben

Ermitteln Sie die Fracht für nachstehende Aufgaben.

21) G: 2100,0 kg
V: 3,4 m$^3$
fob-Wert insgesamt: 12500,00 US-$
R: fob-Wert bis 3000,00 US-$ p.frt. = 180,00 US-$ M/G
fob-Wert bis 4000,00 US-$ p.frt. = 200,00 US-$ M/G

22) G: 3810,0 kg
V: 2,2 m$^3$
fob-Wert ingesamt: 7380,00 US-$
R: fob-Wert bis 2000,00 US-$ p.frt. = 250,00 US-$ M/G
fob-Wert bis 3000,00 US-$ p.frt. = 300,00 US-$ M/G

23) G: 7210,0 kg
V: 10,2 m$^3$
fob-Wert insgesamt: 20380,00 US-$
R: fob-Wert bis 1000,00 US-$ p.frt. = 350,00 US-$ M/G
fob-Wert bis 2000,00 US-$ p.frt. = 400,00 US-$ M/G

24) G: 8500,0 kg
    A: 2,50 x 2,00 x 2,10 m
    fob-Wert insgesamt: 10200,00 US-$
    R: fob-Wert bis 1000,00 US-$ p.frt. = 85,00 US-$ M/G
       fob-Wert bis 2000,00 US-$ p.frt. = 90,00 US-$ M/G

25) G: 14150,0 kg
    V: 16 m$^3$
    fob-Wert insgesamt: 30000,00 US-$
    R: fob-Wert bis 2000,00 US-$ p.frt. = 50,00 US-$ M/G
       fob-Wert bis 3000,00 US-$ p.frt. = 100,00 US-$ M/G

### 5.2.6 Zu- und Abschläge

#### 5.2.6.1 Currency Adjustment Factor (CAF)

Der Currency Adjustment Factor (CAF) gehört zu den Standardfaktoren der Seefracht und gleicht die Schwankungen des US-$ aus (**Währungsausgleichsfaktor**).

**Beispiel:**
G: 3800,0 kg
V: 4,2 m$^3$
R: 100,00 US-$ M/G
CAF: + 8 %

Der CAF wird in dem Beispiel in Prozent von der Grundfrachtrate berechnet:
10,00 US-$ x 4,2 m$^3$ = 420,00 US-$
+ 8 % CAF            =  33,60 US-$
                       453,60 US-$
                       ===========

#### 5.2.6.2 Bunker Adjustment Factor (BAF)

Der Bunker Adjustment Factor gehört ebenfalls zu den Standardfaktoren der Seefracht und gleicht die schwankenden Mineralölpreise aus (**Bunkerölausgleichsfaktor**).

**Beispiel:**
G: 3800,0 kg
V: 4,2 m$^3$
R: 100,00 US-$ M/G
CAF: +  8 %
BAF: + 10 %

Auch der BAF wird in dem Beispiel in Prozent von der Grundfrachtrate berechnet:

100,00 US-$ x 4 m$^3$ = 420,00 US-$
+  8 % CAF            =  33,60 US-$
+ 10 % BAF            =  42,00 US-$
                        495,60 US-$
                        ===========

### 5.2.6.3 Congestion Surcharge (CS)

Der Congestion Surcharge ist ein Aufschlag für Verstopfung im Seehafen (z.B. wegen fehlender Infrastruktur schnelle Entladung der Schiffe nicht möglich, Schiffe bleiben länger vor dem Hafen liegen).

**Beispiel:**
G: 3800,0 kg
V: 4,2 m$^3$
R: 100,00 US-$ M/G
CAF: + 8 %
BAF: + 10 %
CS : + 20 %

Der CS wird in Prozenten von der Grundfracht berechnet:

```
100,00 US-$ x 4,2 m³    = 420,00 US-$
+  8 % CAF              =  33,60 US-$
+ 10 % BAF              =  42,00 US-$
+ 20 % CS               =  84,00 US-$
                          579,60 US-$
                          ===========
```

### 5.2.6.4 War Risk (WR)

Der War Risk ist ein Zuschlag für Kriegsrisiko (z.B. früher für Israel 50 %).

**Beispiel:**
G: 3800,0 kg
V: 4,2 m$^3$
R: 100,00 US-$ M/G
CAF: + 8 %
BAF: + 10 %
CS:  + 20 %
WR:  + 50 %

```
100,00 US-$ x 4,2 m³    = 420,00 US-$
+  8 % CAF              =  33,60 US-$
+ 10 % BAF              =  42,00 US-$
+ 20 % CS               =  84,00 US-$
+ 50 % WR               = 210,00 US-$
                          789,60 US-$
                          ===========
```

### 5.2.6.5 Sofortrabatt (SF)

9,5 % Sofortrabatt werden von der Reederei auf die Grundfrachtrate gewährt.

**Beispiel:**
G: 3800,0 kg
V: 4,2 m$^3$
R: 100,00 US-$ M/G
CAF: + 8 %
BAF: + 10 %

CS:    + 20 %
WR:    + 50 %
SR:    - 9,5%.

```
100,00 US-$ x 4,2 m³  =  420,00 US-$
+  8 % CAF            =   33,60 US-$
+ 10 % BAF            =   42,00 US-$
+ 20 % CS             =   84,00 US-$
+ 50 % WR             =  210,00 US-$
                      =  789,60 US-$
-  9,5% Sofortrabatt  =   39,90 US-$
                         749,70 US-$
                         ===========
```

**Übungsaufgaben**

Ermitteln Sie die Fracht für nachstehende Aufgaben.

26) G:    5500,0 kg
    V:    2,8 m³
    R:    275,00 US-$ M/G
    CAF:  + 10 %

27) G:    12120,0 kg
    V:    12,5 m³
    R:    212,50 US-$ M/G
    CAF:  + 5 %
    BAF:  + 7 %

28) G:    2120,0 kg
    V:    5,8 m³
    R:    150,00 US-$ M/G
    CAF:  + 6 %
    BAF:  + 8 %
    CS:   + 15 %

29) G:    2485,0 kg
    V:    2,6 m³
    R:    75,00 US-$ M/G
    CAF:  + 3 %
    BAF:  + 5 %
    CS:   + 10 %
    WR:   + 25 %

30) G:    17.380,0 kg
    V:    10,5 m³
    R:    280,00 US-$ M/G
    CAF:  + 10 %
    BAF:  + 15 %
    CS:   + 8 %
    WR:   + 20 %
    ZR:   - 10 %

### 5.2.7 Erhebungen von der Grundfracht und konsekutive Erhebung

Bei den vorangegangenen Beispielen und Lösungen wurden alle Zu- und Abschläge von der Grundfracht berechnet. Dies wird von einigen Reedereien bzw. Konferenzen angewandt.

**Beispiel:**

| | |
|---|---|
| Grundfracht: | 100,00 US-$ |
| + 8 % CAF von der Grundfracht | 8,00 US-$ |
| + 10 % BAF von der Grundfracht | 10,00 US-$ |
| + 20 % CS von der Grundfracht | 20,00 US-$ |
| + 50 % WR von der Grundfracht | 50,00 US-$ |
| | 188,00 US-$ |
| - 9,5 % SR von der Grundfracht | 9,50 US-$ |
| | 178,50 US-$ |

Alle Zu- und Abschläge wurden also von der Grundfracht 100,00 US-$ aus berechnet. Im Gegensatz dazu gibt es die sogenannte **"konsekutive Methode"**, die alle Zu- und Abschläge von den jeweiligen Zwischenergebnissen berechnet.

**Beispiel:**

| | |
|---|---|
| Grundfracht: | 100,00 US-$ |
| + 8 % CAF | 8,00 US-$ |
| | 108,00 US-$ |
| + 10% BAF vom Zwischenergebnis | 10,80 US-$ |
| | 118,80 US-$ |
| + 20% CS vom Zwischenergebnis | 23,76 US-$ |
| | 142,56 US-$ |
| + 50% WR vom Zwischenergebnis | 71,28 US-$ |
| | 213,84 US-$ |
| - 9,5% Sofortrabatt | 20,31 US-$ |
| | 193,53 US-$ |

Zu- und Abschläge können auch in unterschiedlichen Reihenfolgen berechnet werden (je nach Reederei oder Konferenz unterschiedliche Vorschriften).

Da es sich bei den beiden letzen Beispielen nur um unterschiedliche mathematische Varianten handelt, wurde von weiteren Aufgaben hierzu abgesehen.

### 5.2.8 Pauschalfrachten

Für Container gibt es sogenannte Pauschalfrachten. Diese Pauschalfrachten werden beispielweise in sogenannten **"all in-Raten"** dargestellt:

Preis für 1 x 20'-Container: 3000,00 US-$ all in. "All in" bedeutet, daß alle Zu- und Abschläge in dem Einheitspreis enthalten sind. Es gibt natürlich auch Pauschalfrachten, wo Zu- und Abschläge separat berechnet werden. Die unterschiedlichen Berechnungsarten hängen wiederum von den Reedereien oder Konferenzen ab.

5.2.9  Schwergewichtszuschlag und Längenzuschlag

Diese Zuschläge werden auf Einzelstücke berechnet, die sehr schwer oder sehr lang sind.

Beispiel einer Quotierung für Schwergewicht (Heavy Lift):
ab Gewicht 5 t je Einzelstück:  5,00 US-$ M/G je Frachttonne für jede zusätzliche Frachttonne über 5 t.

Beispiel einer Quotierung für Überlänge (Long Length):
ab 12 m Länge je Einzelstück: 10,00 US-$ je angefangenen Meter über 12 m Länge.


5.2.10  Umrechnung der Seefrachtraten in die jeweilige Landeswährung

Die Umrechnung der Seefrachtraten (in der Regel US-$) erfolgt meist zum Tageskurs am Tage der Verschiffung:
```
z.B.   250,60 US-$
         1,86 DM  (Kurs am 1.10.91/Tag der Verschiffung)
=      466,12 DM
       =========
```

# 6. Binnenschiffahrt

Im FTB (Frachten- und Tarifanzeiger der Binnenschiffahrt) sind die Entgelte im innerdeutschen Binnenschiffahrtsverkehr wiedergegeben. Wegen des Umfangs beschränken sich die folgenden Ausführungen über die Frachtberechnung in der Binnenschiffahrt lediglich auf den FTB, Tarif A "Frachtenausschuß Rhein".

## 6.1 Stückgut- und Partieladungstarif für Rhein und Nebenwasserstraßen für Ladungen bis 300 Tonnen

### 6.1.1 Grundfrachten

Die Grundfrachten gelten für 1000,0 kg. Sie finden Anwendung bei Einzelpartien bis 300 t für Güter normaler Abmessungen und Gewichte, bis 2 x messend.

Für Transporte nach Empfangsplätzen, die nicht im durchgehenden Schiffsverkehr angelaufen werden, kann ein Frachtsatz vereinbart werden, der nicht höher sein darf als die Summe der Frachten für die Teilstrecken zuzüglich Umladekosten.

Ausgenommen sind:
lose Schüttgüter, Stamm- und Schnittholz, Erzeugnisse der eisenschaffenden Industrie, leere und beladene Container sowie alle Güter, für die besondere Frachttarife bestehen.

### 6.1.2 Mindestfrachten

Als Mindestfracht wird die Stückgutrate für 300 kg berechnet.

### 6.1.3 Sperrigkeitszuschläge

a) Für Güter, die mehr als 2 x messen (bei denen das Vehältnis von Gewicht zu Maß mehr als $1\ t = 2\ m^3$ ist), werden folgende Zuschläge berechnet:

- 25 % bei einem Gewichts/Maß-Verhältnis 1:3
- 50 % bei einem Gewichts/Maß-Verhältnis 1:4
- 100 % bei einem Gewichts/Maß-Verhältnis 1:5.

b) Bei Partien ab 50 t, die mehr als 2 x messen, und bei allen Sendungen mit einer größeren Sperrigkeit als 1:5 erfolgt die Frachtabrechnung auf Basis von
- $1\ m^3 = 600,0\ kg$.

Auch in diesem Fall ist Voraussetzung, daß die Frachtstücke keine außergewöhnlichen Abmessungen aufweisen, andernfalls erfolgt ein Zuschlag unter Berücksichtigung des Stauverlustes.

c) Ein Sperrigkeitszuschlag wird nicht berechnet, wenn für die gesamte von einem Urverlader an einer Ladestelle für ein Schiff ausgelieferte Menge das Gewichts/Maß-Verhältnis 1:2 gewahrt bleibt.

d) Bei Gütern, für die Sperrigkeitszuschläge berechnet werden, kommt der Kleinwasserzuschlag auf die normale Fracht zuzüglich Sperrigkeitszuschlag nur mit 50 % der vorgesehenen Zuschlagssätze in Anrechnung.

### 6.1.4 Kleinwasserzuschläge

Maßgebend für Kleinwasserzuschläge ist der niedrigste Wasserstand vom Ladebeginn der angedienten Sendung bis zum Eintreffen des Fahrzeuges am Löschplatz.

Bei Verladungen an Main- und Neckarstationen gilt für die Ermittlung des niedrigsten Wasserstandes nicht das Eintreffen des Fahrzeuges am Löschplatz, sondern der Tag des Einlaufens in die erste Schleuse; diese Regelung gilt nur für den Bergverkehr. Die Berechnung erfolgt auf folgender Grundlage:

a) Für Transporte von unterhalb Köln bis Köln einschließlich sowie ab Köln und unterhalb zu Tal bei einem Kölner Pegel von:
    2,20 bis 2,01 m: 30 % der Fracht
    2,00 bis 1,81 m: 40 % der Fracht
    1,80 bis 1,41 m: 50 % der Fracht.

b) Für Transporte nach bzw. ab oberhalb Köln sowie für Verkehre oberhalb Köln mit Ausnahme der Verkehre innerhalb kanalisierter Wasserstraßen bei einem Kauber Pegel von:
    1,50 bis 1,36 m: 20 % der Fracht
    1,35 bis 1,21 m: 30 % der Fracht
    1,20 bis 1,06 m: 40 % der Fracht
    1,05 bis 1,01 m: 50 % der Fracht
    1,00 bis 0,91 m: 60 % der Fracht
    0,90 bis 0,81 m: 70 % der Fracht.

c) Notierungen inklusive Kleinwasserzuschlag sind nicht zulässig. Maßgebend ist jeweils der veröffentlichte Frühpegel an diesem Tag.

## 6.2 Frachtberechnung

### 6.2.1 Grundfrachten des Stückgut- und Partieladungstarif für Rhein und Nebenwasserstraßen für Ladungen bis 300 Tonnen

**Beispiele:**
a)   Gewicht: 4841,0 kg
     Abgangshafen: Emmerich
     Empfangshafen: Wesel
     Transportsatz: 31,65 DM

Die Berechnung ist sehr einfach. Der Transportsatz für 1 t wird mit dem Gewicht multipliziert:
31,65 DM x 4,841 t = 153,22 DM
          =========

b)  Gewicht: 39370,0 kg
    Abgangshafen: Emmerich
    Empfangshafen: Bingen
    Transportsatz: 30,96 DM

    30,96 DM x 39,370 t = 1218,90 DM
                          ==========

Nachfolgend einige wichtige Abkürzungen:
G   = Gewicht
V   = Volumen
AH  = Abgangshafen
EH  = Empfangshafen
TS  = Transportsatz
KWZ = Kleinwasserzuschlag.

**Übungsaufgaben**

Ermitteln Sie die Fracht für nachstehende Aufgaben. Lesen Sie die Transportsätze im Tarif-Anhang ab.

1)  G : 50800,0 kg
    AH: Mannheim
    EH: Bingen

2)  G : 61381,0 kg
    AH: Emmerich
    EH: Hanau

3)  G : 102379,0 kg
    AH: Duisburg-Ruhrort
    EH: Heilbronn

4)  G : 210310,0 kg
    AH: Würzburg
    EH: Karlsruhe

5)  G : 20330,0 kg
    AH: Bingen
    EH: Frankfurt-Osthafen


6.2.2  Berechnung sperriger Sendungen

**Beispiel:**
G: 50300,0 kg
V: 245 m$^3$
T: 7,50 DM

Nach Kapitel 6.1.3 Abschnitt b) werden für Gewichte über 50 t und über 2 x messend und/oder Sperrigkeit von mehr als 1:5 für 1 m$^3$ = 600,0 kg zugrundegelegt:

245 m³ x 600 kg = 147 000,0 kg:
DM 7,50 x 147,000 t: 1102,50 DM
==========

**Übungsaufgaben**

Ermitteln Sie die Fracht für nachstehende Aufgaben. Bitte berücksichtigen Sie die Sperrigkeitsvorschriften nach Kapitel 6.1.3.

6)    G : 22900,0 kg
      V : 49 m³
      TS: 11,80 DM

7)    G : 3390,0 kg
      V : 12,9 m³
      TS: 15,70 DM

8)    G : 19290,0 kg
      V :.48,7 m³
      TS: 23,70 DM

9)    G : 45800,0 kg
      V : 120 m³
      TS: 33,80 DM

10)   G : 30480,0 kg
      V : 80,3 m³
      TS: 16,80 DM

### 6.2.3 Berechnung mit Kleinwasserzuschlag

**Beispiel:**
G : 62 380,0 kg
TS: 35,70 DM
KWZ: 20 %.

35,70 DM x 62,380 t: 2226,97 DM
+ 20 % KWZ        :  556,74 DM
                      2783,71 DM
==========

**Übungsaufgaben**

Ermitteln Sie die Fracht für nachstehende Aufgaben.

11)   G  : 8180,0 kg
      TS  : 40,85 DM
      KWZ: 40%

12)   G  : 35800,0 kg
      TS  : 45,80 DM
      KWZ: 50 %

13)   G  : 70420,0 kg
      TS  : 27,50 DM
      KWZ: 20 %

14) G   : 80700,0 kg
    TS  : 43,80 DM
    KWZ: 30 %

15) G   : 12500,0 kg
    TS  : 15,70 DM
    KWZ: 30 %

# Lösungen

**Lösungen zu den Übungsaufgaben GFT**

1) aus der Frachtentafel entnommene Fracht            46,40 DM
   + 14% MwSt.                                          6,50 DM
   Frachtrechnungsbetrag                         52,90 DM

2) aus der Frachtentafel entnommene Fracht         157,90 DM
   − 10% Marge                                         15,79 DM
   Nettofracht                                         142,11 DM
   + 14% MwSt.                                       19,90 DM
   Frachtrechnungsbetrag                     162,01 DM

3) aus der Frachtentafel entnommene Fracht         421,20 DM
   + 5% Marge                                         21,06 DM
   Nettofracht                                      442,26 DM
   + 14% MwSt.                                   61,92 DM
   Frachtrechnungsbetrag                    504,18 DM

4) frachtpflichtige Gewicht: 1728 kg = 1800 kg
   entnommener Frachtsatz = 40,32 DM für 100 kg
   Frachtberechnung:       40,32 DM x 18      725,76 DM
   + 14% MwSt.                                   101,61 DM
   Frachtrechnungsbetrag                    827,37 DM

5) frachtpflichtiges Gewicht: 1225 = 1300 kg
   entnommener Frachtsatz = 33,69 DM für 100 kg
   Frachtberechnung:       33,69 DM x 13      437,97 DM
   + 10% Marge                                   43,80 DM
   Nettofracht                                     481,77 DM
   + 14% MwSt.                                   67,45 DM
   Frachtrechnungsbetrag                    549,22 DM

6) aus der Frachtentafel entnommene Fracht         234,30 DM
   + 14% MwSt.                                   32,80 DM
   Frachtrechnungsbetrag                    267,10 DM

7) Frachtberechnung nach dem 5-t-Satz, da günstiger als nach dem Stückguttarif (Mindestgewicht 5000 kg).

   Frachtsatz (E-Gut, 5-t-Satz) = 24,68 DM für 100 kg
   Frachtberechnung:       24,68 DM x 50     1234,00 DM
   − 10% Marge                                    123,40 DM
   Nettofracht                                    1110,60 DM
   + 14% MwSt.                                  155,48 DM
   Frachtrechnungsbetrag                   1266,08 DM

8) Frachtberechnung nach dem 5-t-Satz, da günstiger als nach dem Stückguttarif (Mindestgewicht 5000 kg).

   Frachtsatz (F-Gut, 5-t-Satz) = 25,12 DM für 100 kg
   Frachtberechnung:       25,12 DM x 50     1256,00 DM
   + 14% MwSt.                                  175,84 DM
   Frachtrechnungsbetrag                   1431,84 DM

9) aus der Frachtentafel entnommene Fracht           44,70 DM
   + 14% MwSt.                                   6,26 DM
   Frachtrechnungsbetrag                      50,96 DM

10) aus der Frachtentafel entnommene Fracht        220,90 DM
    − 5% Marge                                       11,05 DM

```
             Nettofracht                                    209,85 DM
             + 14% MwSt.                                     29,38 DM
             Frachtrechnungsbetrag                          239,23 DM
```

11) Frachtberechnung nach dem 10-t-Satz (Mindestgewicht 10000 kg).

```
    Frachtsatz (A/B-Gut, 10-t-Satz) = 20,67 DM für 100 kg
    Frachtberechnung:       100 x 20,67 DM       2067,00 DM
    - 5% Marge                                    103,35 DM
    Nettofracht                                  1963,65 DM
    + 14% MwSt.                                   274,91 DM
    Frachtrechnungsbetrag                        2238,56 DM
```

12) Frachtberechnung nach dem 15-t-Satz, da günstiger als nach dem 10-t-Satz (Mindestgewicht 15000 kg).

```
    Frachtsatz (F-Gut, 15-t-Satz) = 14,86 x 150  2229,00 DM
    + 14% MwSt.                                   312,06 DM
    Frachtrechnungsbetrag                        2541,06 DM
```

13) Frachtberechnung nach dem 15-t-Satz (Mindestgewicht 15000 kg).

```
    2512 kg  A/B-Gut =  2600 kg
    3990 kg    E-Gut =  4000 kg
    8251 kg    F-Gut =  8300 kg + Fehlgewicht 100 kg = 8400 kg
                      14900 kg
    Fehlgewicht        100 kg
                      15000 kg

    Frachtsätze 15-t-Satz: A/B-Gut 15,52 DM x 26    403,52 DM
                             E-Gut 14,68 DM x 40    587,20 DM
                             F-Gut 12,81 DM x 84   1076,04 DM
    Gesamtfracht                                   2066,76 DM
    - 10% Marge                                     206,68 DM
    Nettofracht                                    1860,08 DM
    + 14% MwSt.                                     260,41 DM
    Frachtrechnungsbetrag                          2120,49 DM
```

14) Frachtberechnung nach dem 15-t-Satz, da günstiger als nach dem 20-t-Satz.

```
    13556 kg  A/B-Gut = 13600 kg
     1145 kg    E-Gut =  1200 kg
     2130 kg    F-Gut =  2200 kg
                       17000 kg

    Frachtsätze 15-t-Satz: A/B-Gut 13,75 DM x 136  1870,00 DM
                             E-Gut 13,01 DM x  12   156,12 DM
                             F-Gut 11,35 DM x  22   249,70 DM
    Gesamtfracht                                   2275,82 DM
    + 14% MwSt.                                     318,61 DM
    Frachtrechnungsbetrag                          2594,43 DM
```

15) Frachtberechnung nach dem 23-t-Satz, da günstiger als nach dem 20-t-Satz.

```
    10050 kg E-Gut = 10100 kg
    11136 kg F-Gut = 11200 kg + Fehlgewicht 1700 kg = 12900 kg
                    21300 kg
    + Fehlgewicht    1700 kg
                    23000 kg
```

```
        Frachtsätze 23-t-Satz: E-Gut 13,42 DM x 101        1355,42 DM
                               F-Gut 11,71 DM x 129        1510,59 DM
        Gesamtfracht                                       2866,01 DM
        + 10% Marge                                         286,60 DM
        Nettofracht                                        3152,61 DM
        +14% MwSt.                                          441,37 DM
        Frachtrechnungsbetrag                              3593,98 DM
```

16) frachtpflichtiges Gewicht:
    220 cm x 180 cm x 100 cm = 3960000 cm$^3$ = 3960 dm$^3$
    3960 dm$^3$ : 10 = 396 x 1,5 kg = 594 kg

```
    Frachtberechnung:
    aus der Frachtentafel entnommene Fracht                 232,00 DM
    + 14% MwSt.                                              32,48 DM
    Frachtrechnungsbetrag                                   264,48 DM
```

17) frachtpflichtiges Gewicht:
    1. Frachtstück = 19 dm x 17 dm x 8 dm = 2584 dm$^3$ : 10 = 258,4
       258,4 = 259 x 1,5 kg = 388,5 kg
    2. Frachtstück = 29 dm x 16 dm x 10 dm = 4640 dm$^3$ : 10 = 464
       464 x 1,5 kg = 696 kg

```
    Frachtberechnung:
    388,5 kg + 696 kg = 1084,5 kg = 1100 kg
    entnommener Frachtsatz (888 km) = 37,48 DM für 100 kg
                            11 x 37,48 DM                   412,28 DM
    + 14% MwSt.                                              57,72 DM
    Frachtrechnungsbetrag                                   470,00 DM
```

18) frachtpflichtiges Gewicht:
    180 cm x 140 cm x 110 cm = 2772000 cm$^3$ = 2772 dm$^3$
    2772 : 10 = 277,2 = 278 x 1,5 kg = 417 kg

```
    Frachtberechnung:
    aus der Frachtentafel entnommene Fracht (515 kg)         82,50 DM
    +14% MwSt.                                               11,55 DM
    Frachtrechnungsbetrag                                    94,05 DM
```

19) frachtpflichtiges Gewicht:
    2115 kg : 2 = 1057,5 kg = 1058 kg = 1100 kg

```
    Frachtberechnung:
    entnommener Frachtsatz = 33,09 DM für 100 kg
                            11 x 33,09 DM                   363,99 DM
    + 14% MwSt.                                              50,96 DM
    Frachtrechnungsbetrag                                   414,95 DM
```

20) Mindestgewicht bei Überlänge = 1000 kg

```
    aus der Frachtentafel entnommene Fracht                 315,80 DM
    + 14% MwSt.                                              44,21 DM
    Frachtrechnungsbetrag                                   360,01 DM
```

21) Frachtberechnung nach dem 20-t-Satz (Isothermfahrzeug).

```
    Frachtsatz (A/B-Gut, 20-t-Satz) = 15,03 DM für 100 kg
    Frachtberechnung:230 x 15,03 DM                        3456,90 DM
    + 10% Marge                                             345,69 DM
    Zwischensumme                                          3802,59 DM
    + 15% Isothermzuschlag von 3802,59 DM                   570,39 DM
```

```
            Nettofracht                                        4372,98 DM
            + 14% MwSt.                                         612,22 DM
            Frachtrechnungsbetrag                              4985,20 DM

    22) Frachtberechnung nach dem 20-t-Satz (Mindestgewicht 20000 kg).
            Frachtsatz (E-Gut, 20-t-Satz) = 11,97 DM für 100 kg
            Frachtberechnung:       200 x 11,97 DM             2394,00 DM
            + 40% Isothermzuschlag von 2394,00 DM               957,60 DM
            Nettofracht                                        3351,60 DM
            + 14% MwSt.                                         469,22 DM
            Frachtrechnungsbetrag                              3820,82 DM

    23) Frachtberechnung nach dem 10-t-Satz (Mindestgewicht 10000 kg).
            Frachtsatz (A/B-Gut, 10-t-Satz) = 9,23 DM für 100 kg
            Frachtberechnung:       100 x 9,23 DM               923,00 DM
            - 10% Marge                                          92,30 DM
            Zwischensumme                                       830,70 DM
            + 25% Schnellieferzuschlag von 830,70 DM            207,68 DM
            Nettofracht                                        1038,38 DM
            + 14% MwSt.                                         145,37 DM
            Frachtrechnungsbetrag                              1183,75 DM

    24) Frachtberechnung nach dem 15-t-Satz (Mindestgewicht 15000 kg).
            Frachtsatz (A/B-Gut, 15-t-Satz) = 11,10 DM für 100 kg
            Frachtberechnung:       150 x 11,10 DM             1665,00 DM
            + 50% Schnellieferzuschlag von 1665,00 DM           832,50 DM
            Nettofracht                                        2497,50 DM
            + 14% MwSt.                                         349,65 DM
            Frachtrechnungsbetrag                              2847,15 DM

    25) Frachtberechnung nach dem 5-t-Satz (Mindestgewicht 5000 kg).
            Frachtsatz (E-Gut, 5-t-Satz) = 15,37 DM für 100 kg
            Frachtberechnung:        50 x 15,37 DM              768,50 DM
            + 10% Marge                                          76,85 DM
            Zwischensumme                                       845,35 DM
            + 15% Isothermzuschlag von 845,35 DM                126,80 DM
            Zwischensumme                                       972,15 DM
            + 25% Schnellieferzuschlag von 845,35 DM            211,34 DM
            Nettofracht                                        1183,49 DM
            + 14% MwSt.                                         165,69 DM
            Frachtrechnungsbetrag                              1349,18 DM

    26) Frachtberechnung nach dem 20-t-Satz, da günstiger als nach dem
        23-t-Satz.
            Frachtsatz (E-Gut, 20-t-Satz) = 9,76 DM für 100 kg
            Frachtberechnung: 210 x 9,76 DM                    2049,60 DM
            - 10% Marge                                         204,96 DM
            Zwischensumme                                      1844,64 DM
            - 3,75% Garantieleistung von 1844,64 DM              69,17 DM
            Nettofracht                                        1775,47 DM
            + 14% MwSt.                                         248,57 DM
            Frachtrechnungsbetrag                              2024,04 DM

    27) Frachtberechnung nach dem 15-t-Satz (Mindestgewicht 15000 kg).
            Frachtsatz (A/B-Gut, 15-t-Satz) = 7,49 DM für 100 kg
            Frachtberechnung: 150 x 7,49 DM                    1123,50 DM
            - 5% Marge                                           56,18 DM
            Zwischensumme                                      1067,32 DM
            - 8% paariger Verkehr von 1067,32 DM                 85,39 DM
```

```
Nettofracht                                              981,93 DM
+ 14% MwSt.                                              137,47 DM
Frachtrechnungsbetrag                                   1119,40 DM
```

28) Frachtberechnung nach dem 20-t-Satz (Mindestgewicht 20000 kg).

```
Frachtsatz (F-Gut, 20-t-Satz) = 10,95 DM für 100 kg
Frachtberechnung:        200 x 10,95 DM          2190,00 DM
- 10% Marge                                       219,00 DM
Zwischensumme                                    1971,00 DM
- 3,75 Garantieleistung von 1971,00 DM             73,91 DM
Zwischensumme                                    1897,09 DM
- 4% paariger Verkehr von 1897,09 DM               75,88 DM
Nettofracht                                      1821,21 DM
+ 14% MwSt.                                       254,97 DM
Frachtrechnungsbetrag                            2076,18 DM
```

29) Frachtberechnung nach dem 15-t-Satz (Mindestgewicht 15000 kg)

```
Frachtsatz (A/B-Gut, 15-t-Satz) = 15,93 DM für 100 kg
Frachtberechnung:        150 x 15,93 DM          2389,50 DM
+ 10% Marge                                       238,95 DM
Nettofracht                                      2628,45 DM
+ 14% MwSt.                                       367,98 DM
Frachtrechnungsbetrag                            2996,43 DM
```

Der Auftraggeber muß **2996,43 DM** an den Spediteur bezahlen.

```
Grundfracht                                      2628,45 DM
- 8% WAV                                          210,28 DM
Nettofracht                                      2418,17 DM
+ 14% MwSt.                                       338,54 DM
Frachtrechnungsbetrag                            2756,71 DM
```

Der Spediteur muß **2756,71 DM** an den Unternehmer bezahlen.

30) Frachtberechnung nach dem 20-t-Satz.

```
frachtpflichtiges Gewicht:  7619 E-Gut =   7700 kg
                           12963 F-Gut =  13000 kg
                                         20700 kg

Frachtsätze: E-Gut, 20-t-Satz = 15,99 DM x 77    1231,23 DM
             F-Gut, 20-t-Satz = 13,95 DM x 130   1813,50 DM
                                                 3044,73 DM
+ 14% MwSt.                                       426,26 DM
Frachtrechnungsbetrag                            3470,99 DM
```

Der Auftraggeber muß **3470,99 DM** an den Spediteur bezahlen.

```
Grundfracht E-Gut = 1231,23 DM   Grundfracht F-Gut = 1813,50 DM
- 4% WAV              49,25 DM   - 4% WAV              72,54 DM
Fracht             1181,98 DM    Fracht              1740,96 DM

Fracht E-Gut                                     1181,98 DM
+ Fracht F-Gut                                   1740,96 DM
Gesamtfracht                                     2922,94 DM
+ 14% MwSt.                                       409,21 DM
Frachtrechnungsbetrag                            3332,15 DM
```

Der Spediteur muß **3332,15 DM** an den Unternehmer bezahlen.

31) Frachtberechnung nach dem 15-t-Satz, da günstiger als nach dem 10-t-Satz (Mindestgewicht 15000 kg).

```
Frachtsatz (A/B-Gut, 15-t-Satz) = 15,22 DM für 100 kg
Frachtberechnung:        150 x 15,22 DM              2283,00 DM
+ 14% MwSt.                                           319,62 DM
Frachtrechnungsbetrag                                2602,62 DM
```

32) aus der Frachtentafel entnommene Fracht          461,30 DM
    - 10% Marge                                       46,13 DM
    Nettofracht                                      415,17 DM
    + 14% MwSt.                                       58,12 DM
    Frachtrechnungsbetrag                            473,29 DM

33) Frachtberechnung nach dem 15-t-Satz (15310 kg = 15400 kg).

    Frachtsatz (A/B-Gut, 15-t-Satz) = 7,49 DM für 100 kg
    Frachtberechnung:        154 x 7,49 DM          1153,46 DM
    + 14% MwSt.                                      161,48 DM
    Frachtrechnungsbetrag                           1314,94 DM

34) frachtpflichtiges Gewicht: 1524 kg = 1600 kg
    entnommener Frachtsatz = 31,07 DM für 100 kg
    Frachtberechnung:    16 x 31,07 DM               497,12 DM
    - 10% Marge                                       49,71 DM
    Nettofracht                                      447,41 DM
    + 14% MwSt.                                       62,64 DM
    Frachtrechnungsbetrag                            510,05 DM

35) Frachtberechnung nach dem 15-t-Satz, da günstiger als nach dem
    20-t-Satz.

    frachtpflichtiges Gewicht:
    2698  A/B-Gut =   2700 kg
    7369  E-Gut   =   7400 kg
    7200  F-Gut   =   7200 kg
                     17300 kg

    Frachtsätze (15-t-Satz): A/B-Gut = 16,27 DM für 100 kg
                             E-Gut   = 15,40 DM für 100 kg
                             F-Gut   = 13,44 DM für 100 kg

    Frachtberechnung: A/B-Gut = 27 x 16,27 DM        439,29 DM
                      E-Gut   = 74 x 15,40 DM       1139,60 DM
                      F-Gut   = 72 x 13,44 DM        967,68 DM
    Gesamtfracht                                    2546,57 DM
    + 5% Marge                                       127,33 DM
    Nettofracht                                     2673,90 DM
    + 14% MwSt.                                      374,35 DM
    Frachtrechnungsbetrag                           3048,25 DM

36) frachtpflichtiges Gewicht:
    280 cm x 180 cm x 100 cm = 5040000 $cm^3$ = 5040 $dm^3$
    5040 : 10 = 504 x 1,5 kg = 756 kg

    aus der Frachtentafel entnommene Fracht          272,20 DM
    + 14% MwSt.                                       38,11 DM
    Frachtrechnungsbetrag                            310,31 DM

37) Frachtberechnung nach dem 15-t-Satz (Mindestgewicht 15000 kg).

    Frachtsatz (A/B-Gut, 15-t-Satz) = 17,31 DM für 100 kg
    Frachtberechnung: 150 x 17,31 DM                2596,50 DM
    + 15% Isothermzuschlag                           389,48 DM
    Nettofracht                                     2985,98 DM

|  | + 14% MwSt. | 418,04 DM |
|---|---|---|
|  | Frachtrechnungsbetrag | 3404,02 DM |

38) Frachtberechnung nach dem 15-t-Satz.

```
frachtpflichtige Gewicht: A/B-Gut 5650 kg =  5700 kg
                          E-Gut   8952 kg =  9000 kg
                          F-Gut   1250 kg =  1300 kg
                                           16000 kg
```

| Frachtsätze 15-t-Satz: | A/B-Gut 16,62 DM x 57 | 947,34 DM |
|---|---|---|
|  | E-Gut   15,72 DM x 90 | 1414,80 DM |
|  | F-Gut   13,72 DM x 13 | 178,36 DM |
| Grundfracht |  | 2540,50 DM |
| - 5% Marge |  | 127,03 DM |
| Nettofracht |  | 2413,47 DM |
| + 14% MwSt. |  | 337,89 DM |
| Frachtrechnungsbetrag |  | 2751,36 DM |

Der Auftraggeber muß **2751,36 DM** an den Spediteur bezahlen.

```
Tarifentfernung 905 km WAV A/B-Gut = 8%
                           E-Gut   = 4%
                           F-Gut   = 4%
```

| Grundfracht A/B-Gut | 947,34 DM |
|---|---|
| - 5% Marge | 47,37 DM |
|  | 899,97 DM |
| - 8% WAV | 72,00 DM |
| Fracht | 827,97 DM |
| Grundfracht   E-Gut | 1414,80 DM |
| - 5% Marge | 70,74 DM |
|  | 1344,06 DM |
| - 4% WAV | 53,76 DM |
| Fracht | 1290,30 DM |
| Grundfracht   F-Gut | 178,36 DM |
| - 5% Marge | 8,92 DM |
|  | 169,44 DM |
| - 4% WAV | 6,78 DM |
| Fracht | 162,66 DM |
| Fracht A/B-Gut | 827,97 DM |
| + Fracht   E-Gut | 1290,30 DM |
| + Fracht   F-Gut | 162,66 DM |
| Nettofracht | 2280,93 DM |
| + 14% MwSt. | 319,33 DM |
| Frachtrechnungsbetrag | 2600,26 DM |

Der Spediteur muß an den Unternehmer **2600,26 DM** bezahlen.

39) Frachtberechnung nach dem 20-t-Satz.

| Frachtsatz (A/B-Gut, 20-t-Satz) = 16,59 DM für 100 kg | |
|---|---|
| Frachtberechnung:       210 x 16,59 DM | 3483,90 DM |
| + 10% Marge | 348,39 DM |
| Zwischensumme | 3832,29 DM |
| + 40% Isothermzuschlag von 3832,29 DM | 1532,92 DM |
| Zwischensumme | 5365,21 DM |
| + 25% Schnellieferzuschlag von 3832,29 DM | 958,07 DM |
| Nettofracht | 6323,28 DM |
| + 14% MwSt. | 885,26 DM |
| Frachtrechnungsbetrag | 7208,54 DM |

40) frachtpflichtiges Gewicht = 1753 kg : 2 = 876,5 kg
    = 877 kg

    aus der Frachtentafel entnommene Fracht         132,20 DM
    + 14% MwSt.                                         18,51 DM
    Frachtrechnungsbetrag                       150,71 DM

41) Frachtberechnung nach dem 24-t-Satz, da günstiger als nach dem 25-t-Satz.

    frachtpflichtiges Gewicht: 24320 kg = 24400 kg

    Frachtsatz (A/B-Gut, 24-t-Satz) = 10,23 DM für 100 kg
    Frachtberechnung:      244 x 10,23 DM       2496,12 DM
    - 10% Marge                                     249,61 DM
    Zwischensumme                             2246,51 DM
    + 50% Schnellieferzuschlag von 2246,51 DM   1123,26 DM
    Nettofracht                                      3369,77 DM
    + 14% MwSt.                                     471,77 DM
    Frachtrechnungsbetrag                       3841,54 DM

42) Frachtberechnung nach dem 15-t-Satz, da günstiger als nach dem 20-t-Satz.

    frachtpflichtiges Gewicht = 17800 kg

    Frachtsatz (A/B-Gut, 20-t-Satz) = 10,35 DM für 100 kg
    Frachtberechnung:      178 x 10,35 DM       1842,30 DM
    - 10% Marge                                     184,23 DM
    Zwischensumme                             1658,07 DM
    - 3,75 Garantieleistung von 1658,07 DM       62,18 DM
    Zwischensumme                             1595,89 DM
    - 8% paariger Verkehr von 1595,89 DM      127,67 DM
    Nettofracht                                      1468,22 DM
    + 14% MwSt.                                     205,55 DM
    Frachtrechnungsbetrag                       1673,77 DM

43) Frachtberechnung nach dem 20-t-Satz, da günstiger als nach dem 15-t-Satz.

    frachtpflichtiges Gewicht:
    3719 kg  A/B-Gut =   3800 kg
    6437 kg    E-Gut =   6500 kg
    8264 kg    F-Gut =   8300 kg + 1400 kg Fehlgewicht = 9700 kg
                              18600 kg
    + Fehlgewicht     1400 kg
                              20000 kg

    Frachtsätze 20-t-Satz: A/B-Gut 9,00 DM x 38    342,00 DM
                            E-Gut 8,51 DM x 65    553,15 DM
                            F-Gut 7,43 DM x 97    720,71 DM
    Grundfracht                                    1615,86 DM
    + 14% MwSt.                                   226,22 DM
    Frachtrechnungsbetrag                     1842,08 DM

    Der Auftraggeber muß **1842,08 DM** an den Spediteur bezahlen.

    Tarifentfernung 351 km WAV: A/B-Gut = 9%
                                             E-Gut = 4,5%
                                             F-Gut = 4,5%

    Grundfracht A/B-Gut = 342,00 DM
    - 9% WAV          30,78 DM
    Fracht            311,22 DM

```
Grundfracht     E-Gut = 553,15 DM
- 4,5% WAV              24,89 DM
Fracht                 528,26 DM
Grundfracht     F-Gut = 720,71 DM
- 4,5% WAV              32,43 DM
Fracht                 688,28 DM
```

| | |
|---|---:|
| Fracht A/B-Gut | 311,22 DM |
| + Fracht   E-Gut | 528,26 DM |
| + Fracht   F-Gut | 688,28 DM |
| Gesamtfracht | 1527,76 DM |
| - 0,5% von 900 DM (Frachtvorlage) | 4,50 DM |
| Nettofracht | 1523,26 DM |
| + 14% MwSt. | 213,26 DM |
| Gesamtfrachtbetrag | 1736,52 DM |
| - Frachtvorlage | 900,00 DM |
| Frachtrechnungsbetrag | 836,52 DM |

Der Spediteur muß **836,52 DM** an den Unternehmer bezahlen.

44) 
| | |
|---|---:|
| aus Frachtentafel entnommene Fracht | 61,00 DM |
| + 10% Marge | 6,10 DM |
| Fracht | 67,10 DM |
| + 14% MwSt. | 9,39 DM |
| Frachtrechnungsbetrag | 76,49 DM |

Der Auftraggeber muß **76,49 DM** an den Spediteur bezahlen

| | |
|---|---:|
| Grundfracht | 61,00 DM |
| - 10% Marge | 6,10 DM |
| Fracht | 67,10 DM |
| - 10% WAV | 6,71 DM |
| Nettofracht | 60,39 DM |
| + 14% MwSt. | 8,45 DM |
| Frachtrechnungsbetrag | 68,48 DM |

Der Spediteur muß **68,48 DM** an den Unternehmer bezahlen.

45) Frachtberechnung nach dem 26-t-Satz.
Frachtsatz (F-Gut, 26-t-Satz) = 13,11 DM für 100 kg

| | |
|---|---:|
| Frachberechnung: 260 x 13,11 DM | 3408,60 DM |
| - 3,75% Garantieleistung | 127,82 DM |
| Nettofracht | 3280,78 DM |
| + 14% MwSt. | 459,31 DM |
| Frachtrechnungsbetrag | 3740,09 DM |

**Lösungen zu den Übungsaufgaben GNT**

1) 
| | | |
|---|---|---:|
| Tagessatz für 9-t-Nutzlast | | 416,40 DM |
| + Kilometersatz | 0,92 DM x 92 | 84,64 DM |
| Nettofracht | | 501,40 DM |
| + 14% MwSt. | | 70,15 DM |
| Frachtrechnungsbetrag | | 571,55 DM |

2)
| | |
|---|---:|
| Tagessatz für 15-t-Nutzlast | 496,40 DM |
| + 1/16 Tagessatz | 31,03 DM |
| + Kilometersatz 1,29 DM x 118 | 152,22 DM |
| Zwischensumme | 679,65 DM |
| + 15% Marge | 101,95 DM |

|     | Nettofracht                        |                    | 781,60 DM  |
|-----|------------------------------------|--------------------|------------|
|     | + 14% MwSt.                        |                    | 109,42 DM  |
|     | Frachtrechnungsbetrag              |                    | 891,02 DM  |

3) mindestens 3 x 1/8 Tagessatz    48,25 DM x 3    144,75 DM  
   + Kilometersatz    0,79 DM x 42    33,18 DM  
   Zwischensumme    177,93 DM  
   - 10% Marge    17,79 DM  
   Nettofracht    160,14 DM  
   + 14% MwSt.    22,42 DM  
   Frachtrechnungsbetrag    182,56 DM  

4) mindestens 3 x 1/8 Tagessatz    49,35 DM x 3    148,05 DM  
   + Kilometersatz    0,82 DM x 36    29,52 DM  
   Nettofracht    177,57 DM  
   + 14% MwSt.    24,86 DM  
   Frachtrechnungsbetrag    202,43 DM  

5) 5 x 1/8 Tagessatz    58,80 DM x 5    294,00 DM  
   + 1/16 Tagessatz    29,40 DM  
   + Kilometersatz    1,22 DM x 64    78,08 DM  
   Zwischensumme    401,48 DM  
   - 15% Marge    60,22 DM  
   Nettofracht    341,26 DM  
   + 14% MwSt.    47,78 DM  
   Frachtrechnungsbetrag    389,04 DM  

6) 8 x Stundensatz    71,00 DM x 8    568,00 DM  
   + 14% MwSt.    79,52 DM  
   Frachtrechnungsbetrag    647,52 DM  

7) mindestens 3 x Stundensatz    57,55 DM x 3    172,65 DM  
   - 15% Marge    25,90 DM  
   Nettofracht    146,75 DM  
   + 14% MwSt.    20,55 DM  
   Frachtrechnungsbetrag    167,30 DM  

8) 10 x Stundensatz    85,55 DM x 10    855,50 DM  
   + 10% Marge    85,55 DM  
   Nettofracht    941,05 DM  
   + 14% MwSt.    131,75 DM  
   Frachtrechnungsbetrag    1072,80 DM  

9) 5,5 x Stundensatz    76,85 DM x 5,5    422,68 DM  
   - 10% Marge    42,27 DM  
   Nettofracht    380,41 DM  
   + 14% MwSt.    53,26 DM  
   Frachtrechnungsbetrag    433,67 DM  

10) 6,5 x Stundensatz    60,20 DM x 6,5    391,30 DM  
    + 14% MwSt.    54,78 DM  
    Frachtrechnungsbetrag    446,08 DM  

11) aus der Frachtentabelle abgelesene Fracht    466,90 DM  
    + 14% MwSt.    65,37 DM  
    Frachtrechnungsbetrag    532,27 DM  

12) aus der Frachtentabelle abgelesene Fracht    189,10 DM  
    + 10% Marge    18,91 DM

```
         Nettofracht                                             208,01 DM
       + 14% MwSt.                                                29,12 DM
         Frachtrechnungsbetrag                                   237,13 DM

13)  aus der Frachtentabelle abgelesene Fracht                   429,90 DM
     - 15% Marge                                                  64,49 DM
       Nettofracht                                                365,41 DM
     + 14% MwSt.                                                   51,16 DM
       Frachtrechnungsbetrag                                      416,57 DM

14)  aus der Frachtentabelle abgelesene Fracht                   409,00 DM
     - 10% Marge                                                   40,90 DM
       Nettofracht                                                368,10 DM
     + 14% MwSt.                                                   51,53 DM
       Frachtrechnungsbetrag                                      419,63 DM

15)  aus der Frachtentabelle abgelesene Fracht                   240,20 DM
     + 14% MwSt.                                                   33,63 DM
       Frachtrechnungsbetrag                                      273,83 DM

16)  Frachtberechnung nach dem 15-t-Satz, da günstiger als nach dem
     10-t-Satz (Mindestgewicht 15000 kg).

     Frachtsatz (15-t-Satz, 116 km) = 3,24 DM für 100 kg
     Frachtberechnung:         150 x 3,24 DM                     486,00 DM
     + 14% MwSt.                                                  68,04 DM
       Frachtrechnungsbetrag                                     554,04 DM

17)  Frachtberechnung nach dem 5-t-Satz.

     Frachtsatz (5-t-Satz, 86 km) = 4,29 DM für 100 kg
     Frachtberechnung:          53 x 4,29 DM                     227,37 DM
     - 20% Marge                                                  45,47 DM
       Nettofracht                                               181,90 DM
     + 14% MwSt.                                                  25,47 DM
       Frachtrechnungsbetrag                                     207,37 DM

18)  Frachtberechnung nach dem 20-t-Satz, da günstiger als nach dem
     15-t-Satz (Mindestgewicht 20000 kg).

     Frachtsatz (20-t-Satz, 120 km) = für 100 kg                   2,88 DM
     + 22 km (je angefangene 5 km 0,08 DM) = 0,08 DM x 5           0,40 DM
                                                                   3,28 DM

     Frachtberechnung:         200 x 3,28 DM                     656,00 DM
     + 15% Marge                                                  98,40 DM
       Nettofracht                                               754,40 DM
     + 14% MwSt.                                                 105,62 DM
       Frachtrechnungsbetrag                                     860,02 DM

19)  Frachtberechnung nach dem 20-t-Satz (Mindestgewicht 20000 kg).

     Frachtsatz (20-t-Satz, 96 km) = 2,57 DM für 100 kg
     Frachtberechnung:         200 x 2,57 DM                     514,00 DM
     + 14% MwSt.                                                  71,96 DM
       Frachtrechnungsbetrag                                     585,96 DM

20)  Frachtberechnung nach dem 25-t-Satz (Mindestgewicht 25000 kg).

     Frachtsatz (25-t-Satz, 120 km) = für 100 kg                   2,65 DM
     + 10 km (je angefangene 5 km 0,08 DM) = 0,08 DM x 2           0,16 DM
                                                                   2,81 DM
```

```
            Frachtberechnung:          250 x 2,81 DM              702,50 DM
            - 20% Marge                                           140,50 DM
            Nettofracht                                           562,00 DM
            + 14% MwSt.                                            78,68 DM
            Frachtrechnungsbetrag                                 640,68 DM

    21) Frachtsatz (24 km, Abteilung A) = 12,28 DM je Tonne
            Frachtberechnung:          13,7 x 12,28 DM             168,24 DM
            + 14% MwSt.                                             23,55 DM
            Frachtrechnungsbetrag                                  191,79 DM

    22) Frachtsatz (46 km, Abteilung B) = 14,55 DM je Tonne
            Frachtberechnung:          21,8 x 14,55 DM             317,19 DM
            + 14% MwSt.                                             44,41 DM
            Frachtrechnungsbetrag                                  361,60 DM

    23) Frachtsatz (30 km, Abteilung B) = 10,78 DM je Tonne
            Frachtberechnung:          18,4 x 10,78 DM             198,35 DM
            + 14% MwSt.                                             27,77 DM
            Frachtrechnungsbetrag                                  226,12 DM

    24) Frachtsatz (16 km, Abteilung A) =  9,42 DM je Tonne
            Frachtberechnung:           5,4 x 9,42 DM               50,87 DM
            +14% MwSt.                                               7,12 DM
            Frachtrechnungsbetrag                                   57,99 DM

    25) Frachtsatz (22 km, Abteilung B) = 8,85 DM je Tonne
            Frachtberechnung:           9,9 x 8,85 DM               87,62 DM
            + 14% MwSt.                                             12,27 DM
            Frachtrechnungsbetrag                                   99,89 DM

    26) Tafel I

            3 x 1/8 Tagessatz          3 x 71,55 DM                214,65 DM
            + 1/16 Tagessatz                                        35,78 DM
            + Kilometersatz           86 x   1,50 DM               129,00 DM
            Nettofracht                                            379,43 DM
            + 14% MwSt.                                             53,12 DM
            Frachtrechnungsbetrag                                  432,55 DM

            Tafel III
            aus der Frachtentabelle abgelesene Fracht              365,20 DM
            + 14% MwSt.                                             51,13 DM
            Frachtrechnungsbetrag                                  416,33 DM

    27) Tafel I

            Tagessatz                                              496,40 DM
            + 1/8 Tagessatz                                         62,05 DM
            + Kilometersatz           82 x 1,29 DM                 105,78 DM
            Zwischensumme                                          664,23 DM
            - 10% Marge                                             66,42 DM
            Nettofracht                                            597,81 DM
            + 14% MwSt.                                             83,69 DM
            Frachtrechnungsbetrag                                  681,50 DM

            Tafel II

            9 x Stundensatz 9 x 74,95 DM                           674,55 DM
            - 10% Marge                                             67,46 DM
            Nettofracht                                            607,09 DM
```

|  |  |  |
|---|---|---|
| + 14% MwSt. | | 84,99 DM |
| Frachtrechnungsbetrag | | 692,08 DM |

28) aus der Frachtentabelle abgelesene Fracht     297,20 DM
    + 14% MWSt.     41,61 DM
    Frachtrechnungsbetrag     338,81 DM

29) Tafel I

| | | |
|---|---|---|
| Tagessatz | | 572,40 DM |
| + 11 x 1/16 Tagessatz | 11 x 35,78 DM | 393,58 DM |
| + Kilometersatz | 185 x 1,50 DM | 277,50 DM |
| Nettofracht | | 1243,48 DM |
| + 14% MwSt. | | 174,09 DM |
| Frachtrechnungsbetrag | | 1417,57 DM |

Tafel II

| | | |
|---|---|---|
| 19 x Stundensatz | 86,55 DM x 19 | 1644,45 DM |
| + 14% MwSt. | | 230,22 DM |
| Frachtrechnungsbetrag | | 1874,67 DM |

30) Frachtberechnung nach dem 20-t-Satz, da günstiger als nach dem 15-t-Satz (Mindestgewicht 20000 kg).

| | | |
|---|---|---|
| Frachtsatz (20-t-Satz, 98 km) = 2,57 DM für 100 kg | | |
| Frachtberechnung: | 200 x 2,57 DM | 514,00 DM |
| − 15% Marge | | 77,10 DM |
| Nettofracht | | 436,90 DM |
| + 14% MwSt. | | 61,17 DM |
| Frachtrechnungsbetrag | | 498,07 DM |

31) Frachtberechnung nach dem 20-t-Satz (Mindestgewicht 20000 kg).

| | | |
|---|---|---|
| Frachtsatz (20-t-Satz, 120 km) = für 100 kg | | 2,88 DM |
| + 14 km (je angefangene 5 km 0,08 DM) = 3 x 0,08 DM | | 0,24 DM |
| | | **3,12 DM** |
| Frachtberechnung: 200 x 3,12 DM | | 624,00 DM |
| + 10% Marge | | 62,40 DM |
| Nettofracht | | 686,40 DM |
| + 14% MwSt. | | 96,10 DM |
| Frachtrechnungsbetrag | | 782,50 DM |

32) Frachtsatz (28 km, Abteilung A) = 13,63 DM je Tonne

| | | |
|---|---|---|
| Frachtberechnung: | 11,5 x 13,63 DM | 156,75 DM |
| + 14% MwSt. | | 21,95 DM |
| Frachtrechnungsbetrag | | 178,70 DM |

33) Frachtsatz (34 km, Abteilung B) = 11,73 DM je Tonne
    frachtpflichtige Gewicht = 12 x 1,9 = 22,8 t

| | | |
|---|---|---|
| Frachtberechnung: | 11,73 DM x 22,8 | 267,44 DM |
| − 25% Marge | | 66,86 DM |
| Nettofracht | | 200,58 DM |
| + 14% MwSt. | | 28,08 DM |
| Frachtrechnungsbetrag | | 228,66 DM |

34) Tafel III

Hinladung:
aus Frachtentafel abgelesene Fracht     218,80 DM
Rückladung:

| | |
|---|---:|
| aus der Frachtentabelle abgelesene Fracht | 190,30 DM |
| Fracht für Hin- und Rückladung | 409,10 DM |
| Lastkilometer (29 + 21) = 50 km | |
| abzüglich Leerkilometer = 19 km | |
| Frachtermäßigung = 31 km x 1,15 DM | 35,65 DM |
| ermäßigte Fracht für Hin- und Rückladung | 373,45 DM |
| + 14% MWSt. | 52,28 DM |
| Frachtrechnungsbetrag | 425,73 DM |

Tafel V

Frachtsatz Hinladung (29 km, Abteilung B) = 10,54 DM je Tonne
Frachtsatz Rückladung (21 km, Abteilung B) =  8,60 DM je Tonne

| | | |
|---|---|---:|
| Frachtberechnung: | 14,5 X 10,54 DM | 152,83 DM |
| | 14,5 x  8,60 DM | 124,70 DM |
| Fracht für Hin- und Rückladung | | 277,53 DM |
| Lastkilometer (29 + 21) = 50 km | | |
| abzüglich Leerkilometer = 19 km | | |
| Frachtermäßigung  = 31 x 1,15 DM | | 35,65 DM |
| ermäßigte Fracht für Hin- und Rückladung | | 241,88 DM |
| + 14% MwSt. | | 33,86 DM |
| Frachtrechnungsbetrag | | 275,74 DM |

35) aus der Frachtentabelle abgelesene Fracht — 578,00 DM
- 40% Dauervertragsverhältnis — 231,20 DM
Nettofracht — 346,80 DM
+ 14% MwSt. — 48,55 DM
Frachtrechnungsbetrag — 395,35 DM

36) Hinladung:
aus der Frachtentabelle abgelesene Fracht — 428,30 DM
Rückladung:
aus der Frachtentabelle abgelesene Fracht — 372,30 DM
Fracht Hin- und Rückladung — 800,60 DM
- 40% Dauervertragsverhältnis — 320,24 DM
Zwischensumme — 480,36 DM

Lastkilometer (49 + 39) = 88 km
abzüglich Leerkilometer = 17 km
Frachtermäßigung      = 71 km 0,65 DM — 46,15 DM
ermäßigte Fracht für Hin- und Rückladung — 434,21 DM
+ 14% MWSt. — 60,79 DM
Frachtrechnungsbetrag — 495,00 DM

37) Tagessatz — 601,20 DM
+ Kilometersatz          98 x 1,64 DM — 160,72 DM
Zwischensumme — 761,92 DM
- 5% (außerhalb öffentlicher Wege) — 38,10 DM
Zwischensumme — 723,82 DM
- 40% (Dauervertragsverhältnis) — 289,53 DM
Nettofracht — 434,29 DM
+ 14% MwSt. — 60,80 DM
Frachtrechnungsbetrag — 495,09 DM

38) Tafel I

Tagessatz — 578,40 DM
+ Kilometersatz 156 x 1,53 DM — 238,68 DM
Zwischensumme — 817,08 DM
+ 10% (Kipperzuschlag) von 817,08 DM — 81,71 DM

```
+   5% (Allradzuschlag)
817,08 : 22,5 =  36,31 DM
 36,31 x 13,5 = 490,19 DM
490,19 davon 5%                                          24,51 DM
Zwischensumme                                           923,30 DM
- 25% Marge                                             230,83 DM
Nettofracht                                             692,47 DM
+ 14% MwSt.                                              96,95 DM
Frachtrechnungsbetrag                                   789,42 DM
```

Tafel III
```
Frachtberechnungsgewicht:
Allradkipper (Ladungsgewicht)        13,50 t
+ 15% (Allradzuschlag)                2,03 t
+ Kippanhänger (Ladungsgewicht)       9,00 t
                                     24,53 t

aus Frachtentabelle abgelesene Fracht (25 t, 78 km)   607,50 DM
- 25% Marge                                           151,88 DM
Nettofracht                                           455,62 DM
+ 14% MwSt.                                            63,79 DM
Frachtrechnungsbetrag                                 519,41 DM
```

39) 
```
7 x Stundensatz              7 x 68,65 DM            480,55 DM
+ 15% Marge                                           72,08 DM
Nettofracht                                          552,63 DM
+ 14% MwSt.                                           77,37 DM
Frachtrechnungsbetrag                                630,00 DM
```

40)
```
aus Frachtentabelle abgelesene Fracht                273,50 DM
+ Überstundenzuschlag (1,5 = 2 Stunden) 2 x 8,50 DM   17,00 DM
Nettofracht                                          290,50 DM
+ 14% MwSt.                                           40,67 DM
Frachtrechnungsbetrag                                331,17 DM
```

**Lösungen zu den Übungsaufgaben DEGT**

1) Frachtberechnung nach dem 15-t-Satz (Mindestgewicht 15000 kg).

```
Frachtsatz (15-t-Satz) = 9,95 DM für 100 kg
Frachtberechnung:   150 x 9,95 DM = 1492,50 DM =    1493,00 DM
+ 10% Marge                         149,30 DM =     149,00 DM
Nettofracht                                        1642,00 DM
+ 14% MwSt.                                         229,88 DM
Frachtrechnungsbetrag                              1871,88 DM
```

2) Frachtberechnung nach dem 15-t-Satz (Gelenkwagen), Mindestgewicht 21000 kg.

```
Frachtsatz (15-t-Satz) = 14,17 DM für 100 kg
Frachtberechnung:   210 x 14,17 DM = 2975,70 DM =   2976,00 DM
+ 14% MwSt.                                          416,64 DM
Frachtrechnungsbetrag                               3392,64 DM
```

3) Frachtberechnung nach dem 20-t-Satz (Mindestgewicht 20000 kg).

```
Frachtsatz (20-t-Satz) = 14,02 DM für 100 kg
Frachtberechnung: 200 x 14,02 DM = 2804,00 DM =     2804,00 DM
- 10% Marge 280,40 DM =                              280,00 DM
```

```
       Nettofracht                                           2524,00 DM
       + 14% MwSt.                                            353,36 DM
       Frachtrechnungsbetrag                                 2877,36 DM

   4)  frachtpflichtiges Gewicht = 18500 kg
       Frachtberechnung nach dem 20-t-Satz, da günstiger als nach dem
       15-t-Satz. Mindestgewicht 20000 kg.

       Frachtsatz (20-t-Satz) = 11,52 DM für 100 kg
       Frachtberechnung:   200 x 11,52 DM                    2304,00 DM
       + 14% MwSt.                                            322,56 DM
       Frachtrechnungsbetrag                                 2626,56 DM

   5)  Frachtberechnung nach dem 15-t-Satz (Drehgestellwagen mit La-
       delänge unter 22 m), Mindestgewicht 16500 kg.

       Frachtsatz (15-t-Satz) = 13,00 DM für 100 kg
       Frachtberechnung:   165 x 13,00 DM                    2145,00 DM
       + 14% MwSt.                                            300,30 DM
       Frachtrechnungsbetrag                                 2445,30 DM

   6)  Frachtberechnung nach dem 15-t-Satz.

       Frachtsatz (15-t-Satz) = 14,17 DM für 100 kg
       Frachtberechnung:   151 x 14,17 DM = 2139,67 DM =     2140,00 DM
       - 10% Marge                           214,00 DM =     214,00 DM
       Zwischensumme                                         1926,00 DM
       + 25% Eilgutzuschlag                  481,50 DM =     482,00 DM
       Nettofracht                                           2408,00 DM
       + 14% MwSt.                                            337,12 DM
       Frachtrechnungsbetrag                                 2745,12 DM

   7)  Frachtberechnung nach dem 20-t-Satz.

       Frachtsatz (20-t-Satz) = 8,94 DM für 100 kg
       Frachtberechnung:   210 x 8,94 DM = 1877,40 DM =      1877,00 DM
       + 25% Eilgutzuschlag                  469,25 DM =      469,00 DM
       Nettofracht                                           2346,00 DM
       + 14% MwSt.                                            328,44 DM
       Frachtrechnungsbetrag                                 2674,44 DM

   8)  Frachtberechnung nach dem 10-t-Satz (Achsenwagen 14 m und
       mehr). Kein Eilgutzuschlag, da Klasse IIe dem Gewicht nach
       überwiegt. Mindestgewicht 10000 kg.

       Frachtsatz (10-t-Satz) = 13,73 DM für 100 kg
       Frachtberechnung:   100 x 13,73 DM                    1373,00 DM
       + 14% MwSt.                                            192,22 DM
       Frachtrechnungsbetrag                                 1565,22 DM

   9)  Frachtberechnung nach dem 10-t-Satz (Mindestgewicht 10000 kg).

       Frachtsatz (10-t-Satz) = 18,89 DM für 100 kg
       Frachtberechnung:   100 x 18,89 DM                    1889,00 DM
       + 10% Marge                           188,90 DM =      189,00 DM
       Zwischensumme                                         2078,00 DM
       + 25% Eilgutzuschlag                  519,50 DM =      520,00 DM
       Zwischensumme                                         2598,00 DM
       + Kühlwagenzuschlag                                    275,00 DM
       Nettofracht                                           2873,00 DM
       + 14% MwSt.                                            402,22 DM
       Frachtrechnungsbetrag                                 3275,00 DM
```

10) Frachtberechnung nach dem 15-t-Satz, da günstiger als nach dem 10-t-Satz. Mindestgewicht 15000 kg.

    Frachtsatz (15-t-Satz) = 13,55 DM für 100 kg
    Frachtberechnung: 150 x 13,55 DM = 2032,50 DM =    2033,00 DM
    - 10% Marge                                        203,30 DM =     203,00 DM
    Zwischensumme                                                 1830,00 DM
    + 50% radioaktives Material        915,00 DM =     915,00 DM
    Nettofracht                                                        2745,00 DM
    + 14% MwSt.                                                          384,30 DM
    Frachtrechnungsbetrag                                        3129,30 DM

11) Frachtberechnung nach dem 15-t-Satz (Mindestgewicht 15000kg).

    Frachtsatz (15-t-Satz) = 10,73 DM für 100 kg
    Frachtberechnung: 150 x 10,73 DM = 1609,50 DM =    1610,00 DM
    - 5% Marge                                           80,50 DM =      81,00 DM
    Zwischensumme                                                 1529,00 DM
    + 25% Eilgutzuschlag                      382,25 DM =     382,00 DM
    Zwischensumme   *exp.*                                             1911,00 DM
    + 50% ~~radio~~akt. Stoffe (von 1529 DM) = 764,50 DM=   ~~765~~,00 DM
    Nettofracht                                                        2676,00 DM
    + 14% MwSt.                                                         374,64 DM
    Frachtrechnungsbetrag                                      3050,64 DM

12) Frachtberechnung nach dem 20-t-Satz, da günstiger als nach dem 25-t-Satz. Frachtpflichtiges Gewicht = 23500 kg.

    Frachtsatz (20-t-Satz) = 4,50 DM für 100 kg
    Frachtberechnung: 235 x 4,50 DM = 1057,50 DM =     1058,00 DM

    Mindestfracht                                                        1300,00 DM
    + 14% MwSt.                                                         182,00 DM
    Frachtrechnungsbetrag                                    1482,00 DM

13) Frachtberechnung nach dem 25-t-Satz.

    Frachtsatz (25-t-Satz) = 11,70 DM für 100 kg
    Frachtberechnung: 300 x 11,70 DM = 3510,00 DM =    3510,00 DM
    - 1/4 von 3525,00 DM                     877,50 DM =     878,00 DM
    Zwischensumme                                                 2632,00 DM
    + 25% Eilgutzuschlag                      658,00 DM =     658,00 DM
    Nettofracht                                                        3290,00 DM
    + 14% MwSt.                                                         460,60 DM
    Frachtrechnungsbetrag                                    3750,60 DM

14) Frachtberechnung nach dem 25-t-Satz.

    Frachtsatz (25-t-Satz) = 14,11 DM für 100 kg
    Frachtberechnung: 390 x 14,11 DM = 5502,90 DM =    5503,00 DM
    - Privatwagenabschlag Abschnitt B =    825,45 DM =     825,00 DM
    (15% von 5503,00 DM)
    Zwischensumme                                                   4678,00 DM
    + 25% Eilgutzuschlag                    1169,50 DM =    1170,00 DM
    Nettofracht                                                          5848,00 DM
    + 14% MwSt.                                                         818,72 DM
    Frachtrechnungsbetrag                                    6666,72 DM

15) Berechnung nach 5 Wagen, 565 km
    Fracht je Wagen = 89,00 DM
    Frachtberechnung: 89,00 DM x 5 = 445,00 DM

```
           Eilgutzuschlag (dreifache Fracht) 445,00 DM x 3      1335,00 DM
           + 14% MwSt.                                           186,90 DM
           Frachtrechnungsbetrag                                1521,90 DM
```

16) aus der Frachtentafel entnommene Fracht                     254,20 DM
    + 10% Marge                        25,42 DM =                25,40 DM
    Nettofracht                                                  279,60 DM
    + 14% MwSt.                                                   39,14 DM
    Frachtrechnungsbetrag                                        318,74 DM

17) frachtpflichtiges Gewicht = 1300 kg
    Frachtsatz (791 km) = 32,46 DM für 100 kg
    Frachtberechnung:      32,46 x 13 = 421,98 DM =              422,00 DM
    - 10% Marge                         42,20 DM =                42,00 DM
    Nettofracht                                                  380,00 DM
    + 14% MwSt.                                                   53,20 DM
    Frachtrechnungsbetrag                                        433,20 DM

18) aus der Frachtentafel entnommene Fracht                     116,70 DM
    + 14% MwSt.                                                   16,34 DM
    Frachtrechnungsbetrag                                        133,04 DM

19) frachtpflichtiges Gewicht = 1100 kg
    Frachtsatz (595 km) = 30,20 DM für 100 kg
    Frachtberechnung:      30,20 DM x 11 = 332,20 DM =           332,00 DM
    + 14% MwSt.                                                   46,48 DM
    Frachtrechnungsbetrag                                        378,48 DM

20) aus der Frachtentafel entnommene Fracht                     257,10 DM
    + 14% MwSt.                                                   35,99 DM
    Frachtrechnungsbetrag                                        293,09 DM

21) frachtpflichtiges Gewicht:
    230 cm = 23 dm, 160 cm = 16 dm, 115 cm = 11,5 dm = 12 dm
    23 dm x 16 dm x 12 dm = 4416 dm$^3$ = 4420 dm$^3$ : 10 = 442 dm$^3$
    442 x 1,5 kg = 663 kg

    aus der Frachtentafel entnommene Fracht                     287,90 DM
    + 10% Marge                        28,79 DM =                28,80 DM
    Nettofracht                                                  316,70 DM
    + 14% MwSt.                                                   44,34 DM
    Frachtrechnungsbetrag                                        361,04 DM

22) aus der Frachtentafel entnommene Fracht                      22,00 DM
    + 14% MwSt.                                                    3,08 DM
    Frachtrechnungsbetrag                                         25,08 DM

23) frachtpflichtiges Gewicht:
    1. Frachtstück: 217 kg - 17 dm x 12 dm x 8 dm = 1632 dm$^3$
                    1632 dm$^3$ = 1640 : 10 = 164 x 1,5 kg = 246 kg
    2. Frachtstück: 309 kg - 18 dm x 13 dm x 10 dm x = 2340 dm$^3$
                    2340 dm$^3$ : 10 = 234 x 1,5 kg = 351 kg

    246 kg + 351 kg = 597 kg
    aus der Frachtentafel entnommene Fracht                     249,60 DM
    + 14% MwSt.                                                   34,94 DM
    Frachtrechnungsbetrag                                        284,54 DM

24) aus der Frachtentabelle entnommene Fracht       237,10 DM
    - 10% Marge                    23,71 DM =        23,70 DM
    Zwischensumme                                   213,40 DM
    + 100% (radioaktive Stoffe)                     213,40 DM
      Nettofracht                                   426,80 DM
    + 14% MwSt.                                      59,75 DM
    Frachtrechnungsbetrag                           486,55 DM

25) aus der Frachtentafel entnommene Fracht          15,90 DM
    + 14% MwSt.                                       2,23 DM
    Frachtrechnungsbetrag                            18,13 DM

26) frachtpflichtiges Gewicht
    710 kg - 90 kg (3 x 30 kg) = 620 kg

    aus der Frachtentafel entnommene Fracht         289,00 DM
    - 10% Marge                                      28,90 DM
    Zwischensumme                                   260,10 DM
    + Palettengebühr (3 x 2,50 DM)                    7,50 DM
    Nettofracht                                     267,50 DM
    + 14% MwSt.                                      37,45 DM
    Frachtrechnungsbetrag                           304,95 DM

27) frachtpflichtiges Gewicht
    1500 kg - 630 kg (3 x 210 kg) = 870 kg

    aus der Frachtentafel entnommene Fracht         183,10 DM
    + Containermiete (3 x 7,50 DM)                   22,50 DM
    Nettofracht                                     205,60 DM
    + 14% MwSt.                                      28,78 DM
    Frachtrechnungsbetrag                           234,38 DM

28) aus der Frachtentafel entnommene Fracht          81,40 DM
    + 14% MwSt.                                      11,40 DM
    Frachtrechnungsbetrag                            92,80 DM

29) Hausfracht von A-dorf nach A-stadt               91,20 DM
    Schienenfracht von A-stadt nach B-stadt         262,50 DM
    Hausfracht von B-stadt nach B-dorf               78,60 DM
    Gesamtfracht                                    432,30 DM
    + 14% MwSt.                                      60,52 DM
    Frachtrechnungsbetrag                           492,82 DM

30) frachtpflichtiges Gewicht
    1100 kg - 210 kg (7 x 30 kg) = 890 kg
    Mindestgewicht (150 kg je Palette) = 1050 kg = 1100 kg

    Frachtsatz (425 km) = 26,62 DM für 100 kg
    Frachtberechnung:   26,62 DM x 11 = 292,82 DM =  293,00 DM
    - 10% Marge                          29,30 DM =   30,00 DM
    Zwischensumme                                    263,00 DM
    + Palettenmiete (7 x 2,50 DM)                     17,50 DM
    Nettofracht                                      280,50 DM
    + 14% MwSt.                                       39,27 DM
    Frachtrechnungsbetrag                            319,77 DM

31) Hausfracht A-dorf für 2700 kg Ortsklasse 9       100,30 DM
    Hausfracht B-dorf für 2700 kg Ortsklasse 5        72,50 DM
    + Bearbeitungsgebühr (für 100 kg Ortsklasse 7)    12,00 DM

```
         Nettofracht                                          184,80 DM
         + 14% MwSt.                                           25,87 DM
         Frachtrechnungsbetrag                                210,67 DM

32)  Tarifentfernung = 1100 km = 110 x 0,1 = 11
     8500 DM = 850 x 11 = 9350 =                               93,50 DM

33)  Tarifentfernung = 390 km = 39 x 0,1 = 3,9
     2300 DM = 230 X 3,9 = 897 = 8,97 DM
     Mindestentgelt = 15,00 DM                                 15,00 DM

34)  Frachtberechnung nach dem 20-t-Satz, da günstiger als nach dem
     25-t-Satz.

     Frachtsatz (20-t-Satz) = 12,29 DM für 100 kg
     Frachtberechnung:  225 x 12,29 DM = 2765,25 DM =         2765,00 DM
     + Nachnahmeentgelt                                         13,50 DM
     Nettofrachtbetrag                                        2778,50 DM
     + 14% MwSt.                                               388,99 DM
     + Nachnahme                                             13500,00 DM
     der Empfänger muß zahlen                                16667,49 DM

35)  aus der Frachtentafel entnommene Fracht                  266,50 DM
     + 14% MwSt.                                               37,31 DM
     Frachtrechnungsbetrag                                    303,81 DM

36)  aus der Frachtentafel entnommene Fracht                   52,40 DM
     + 14% MwSt.                                                7,34 DM
     Frachtrechnungsbetrag                                     59,74 DM

37)  frachtpflichtiges Gewicht
     21 dm x 17 dm x 9 dm = 3213 dm³ : 10 = 321,3 dm³ = 322 dm³
     322 x 1,5 kg = 483 kg

     aus der Frachtentafel entnommene Fracht                  175,70 DM
     + 14% MwSt.                                               24,60 DM
     Frachtrechnungsbetrag                                    200,30 DM

38)  aus der Frachtentafel entnommene Fracht                  287,40 DM
     - 10% Marge                      28,74 DM =               28,70 DM
     Zwischensumme                                            316,10 DM
     + 100 % (radioaktives Material)                          316,10 DM
     Nettofracht                                              632,20 DM
     + 14% MwSt.                                               88,51 DM
     Frachtrechnungsbetrag                                    720,71 DM

39)  aus der Frachtentafel entnommene Fracht                   93,90 DM
     + 14% MwSt.                                               13,15 DM
     Frachtrechnungsbetrag                                    107,05 DM

40)  Frachtberechnung nach dem 15-t-Satz, da günstiger als nach dem
     10-t-Satz.

     Frachtzatz (15-t-Satz) = 16,93 DM für 100 kg
     Frachtberechnung:  150 x 16,93 DM = 2539,50 DM =         2540,00 DM
     + 14% MwSt.                                               355,60 DM
     Frachtrechnungsbetrag                                    2895,60 DM

41)  Frachtberechnung nach dem 20-t-Satz, da günstiger als nach dem
     25-t-Satz.
```

```
        Frachtsatz (20-t-Satz) = 8,70 DM für 100 kg
        Frachtberechnung:   237 x 8,70 DM = 2061,90 DM =      2062,00 DM
        - 10% Marge                         206,20 DM =       206,00 DM
            Zwischensumme                                     2268,00 DM
        + 25% Eilgutzuschlag                                   567,00 DM
        Nettofrachtbetrag                                     2835,00 DM
        + 14% MwSt.                                            396,90 DM
        Frachtrechnungsbetrag                                 3231,90 DM
```

42) Berechnung nach dem 25-t-Satz.

```
        Frachtsatz (25-t-Satz) = 12,21 DM für 100 kg
        Frachtberechnung:   320 x 12,21 DM = 3907,20 DM =     3907,00 DM
        - 1/4 von 3907,00 DM                 976,75 DM =       977,00 DM
        Nettofrachtbetrag                                     2930,00 DM
        + 14% MwSt.                                            410,20 DM
        Frachtrechnungsbetrag                                 3340,20 DM
```

43) Frachtberechnung nach dem 25-t-Satz.

```
        Frachtsatz (25-t-Satz) = 11,08 DM für 100 kg
        Frachtberechnung:   250 x 11,08 DM                    2770,00 DM
        - Privatwagenabschlag Abschnitt B
          (15% von 2770,00 DM)               415,50 DM =       416,00 DM
        Zwischensumme                                         2354,00 DM
        + 25% Eilgutzuschlag                 588,50 DM =       589,00 DM
        Nettofrachtbetrag                                     2943,00 DM
        + 14% MwSt.                                            412,02 DM
        Frachtrechnungsbetrag                                 3355,05 DM
```

44) aus der Frachtentafel entnommene Fracht                   254,20 DM
    + 14% MwSt.                                                35,59 DM
    Frachtrechnungsbetrag                                     289,79 DM

45) Frachtberechnung nach dem 25-t-Satz.

```
        Frachtsatz (25-t-Satz) = 10,11 DM für 100 kg
        Frachtberechnung:   250 x 10,11 DM = 2527,50 DM =     2528,00 DM
        + Kühlwagenzuschlag                                    169,00 DM
        Nettofrachtbetrag                                     2697,00 DM
        + 14% MwSt.                                            377,58 DM
        Frachtrechnungsbetrag                                 3074,58 DM
```

**Lösungen zu den Übungsaufgaben Luftfracht**

1) 1,51 DM x 25 = 37,75 DM + 5,29 DM = 43,04 DM

2) 2,32 DM x 38 = 88,16 DM + 12,34 DM = 100,50 DM

3) 9,98 DM x 19 = 189,62 DM

4) 10,90 DM x 18 = 196,20 DM

5) 32,07 DM x 8 = 256,56 DM

6) 1,48 DM x 49 = 72,52 DM + 10,15 DM = 82,67 DM

7) a.  0,98 DM x 38 = 37,24 DM
   b.  0,73 DM x 45 = 32,85 DM (günstiger!)
       + 4,60 DM          = 37,45 DM

8) a. 5,17 DM x 280 = 1447,60 DM (günstiger!)
   b. 4,96 DM x 300 = 1488,00 DM

9) a. 5,65 DM x 80 = 452,00 DM (günstiger!)
   b. 5,33 DM x 100 = 533,00 DM

10) 2,83 DM x 60 = 169,80 DM

11) 6,62 DM x 30 = 198,60 DM werden berechnet, da über Mindestfracht von 150,00 DM.

12) 6,09 DM x 10 = 60,90 DM. Die Mindestfracht von 120,00 DM ist höher und muß berechnet werden!

13) 10,25 DM x 15 = 153,75 DM ist höher als die Mindestfracht von 150,00 DM und muß berechnet werden!

14) 4,06 DM x 28 = 113,68 DM. Die Mindestfracht von 120,00 DM wird berechnet!

15) 22,84 DM x 4 = 91,28 DM. Die Mindestfracht von 150,00 DM muß berechnet werden!

16) 2,99 DM x 25 = 74,75 DM + 74,75 DM (100% Aufschlag) = 149,50 DM. Es gilt jedoch 2 x die Mindestfracht von 120,00 DM = 240,00 DM

17) 9,25 DM x 84,5 = 781,63 DM - 257,94 DM (33% Abschlag) = 523,69 DM

18) 29,43 DM x 33 = 971,19 DM - 485,60 DM (50% Abschlag) = 485,59 DM

19) 7,26 DM x 68,5 = 497,31 DM - 164,11 DM (33% Abschlag) = 333,20 DM

20) 27,50 DM x 150% = 41,25 DM x 80 = 3300,00 DM

21) C 9730 / 6,50 DM x 120 = 780,00 DM

22) C 8400 / 13,49 DM x 260 = 3507,40 DM

23) C 7112 / 3,31 DM x 100 = 364,10 DM

24) C 4402 / 13,48 DM x 250 = 3370,00 DM

25) C 2203 / 13,90 DM x 150 = 2085,00 DM

**Lösungen zu den Übungsaufgaben Seeschiffahrt**

1) 120,00 US-$ x 8,180 = 981,60 US-$

2) 155,00 US-$ x 10,200 = 1530,00 US-$

3) 175,89 US-$ x 5,300 = 931,74 US-$

4) 232,50 US-$ x 18,182 = 4227,15 US-$

5) 350,00 US-$ x 16,300 = 5705,00 US-$

6) 180,00 US-$ x 12,120 = 2181,60 US-$

7) 175,00 US-$ x 8,180 = 1431,50 US-$

8) 280,00 US-$ x 3,150 = 882,00 US-$

9) 375,00 US-$ x 7,250 = 2718,75 US-$

10) 75,00 US-$ x 10,730 = 804,75 US-$

11) 85,00 US-$ x 3,7 = 314,50 US-$

12) 175,00 US-$ x 8,4 = 1470,00 US-$

13) 1,20 x 1,00 x 1,50 m = 1,8 $m^3$ / 1,2 t
    220,00 US-$ x 1,8 = 396,00 US-$

14) 1,00 x 2,00 x 1,00 m = 2 $m^3$ / 5 t
    232,80 US-$ x 5 = 1164,00 US-$

15) 2,00 x 1,70 x 1,60 m = 5,440 $m^3$ / 1,2 t
    300,50 US-$ x 5,440 = 1634,72 US-$

16) 2,278 x messend = 300,00 US-$ x 8,2 = 2460,00 US-$

17) 1,824 x messend = 120,00 US-$ x 9,3 = 1116,00 US-$

18) 3,222 x messend = 200,00 US-$ x 5,8 = 1160,00 US-$

19) 4,667 x messend = 300,00 US-$ x 14 = 4200,00 US-$

20) 1,154 x messend = 80,00 US-$ x 6 = 480,00 US-$

21) Wert für die fob-Wert-Staffel: 3676,47 US-$ p.frt.:
    200,00 US-$ x 3,4 = 680,00 US-$

22) Wert für die fob-Wert-Staffel: 1937,01 US-$ p.frt.:
    250,00 US-$ x 3,810 = 929,50 US-$

23) Wert für die fob-Wert-Staffel: 1998,04 US-$ p.frt.:
    400,00 US-$ x 10,2 = 4080,00 US-$.

24) 8,5 t/10,5 $m^3$
    Wert für die fob-Wert-Staffel: 971,43 US-$p.frt. =
    85,00 US-$ x 10,5 = 892,50 US-$

25) Wert für die fob-Wert-Staffel: 1875,00 US-$ p.frt.
    50,00 US-$ x 16 = 800,00 US-$

26) 275,00 US-$ x 5,5 = 1512,50 US-$ + 151,25 US-$ (10 % CAF) =
    1663,75 US-$

27) 212,80 US-$ x 16,5 = 3511,80 US-$ + 175,56 US-$ (5% CAF)
    + 245,72 US-$ (7% BAF) = 3932,54 US-$

28) 150,00 US-$ x 5,8 = 870,00 US-$ + 52,20 (6% CAF)
    + 69,60 US-$ (8% BAF) + 130,50 US-$ = 1122,30 US-$

29) 75,00 US-$ x 2,6 = 195,00 US-$ + 5,85 US-$ (CAF) + 3,75 US-$ (BAF)
    + 19,50 US-$ (C.S.) + 48,75 US-$ (W.R.) = 272,85 US-$

30) 280,00 US-$ x 17,380 = 4866,40 US-$ + 486,64 US-$ + 729,96 US-$
    + 583,97 US-$ + 973,28 US-$ = 7640,25 US-$ - 486,64 US-$
    (10% Zeitrabatt) = 7153,61 US-$

**Lösungen zu den Übungsaufgaben Binnenschiffahrt**

1) 15,57 DM x 50,8 = 790,96 DM

2) 32,56 DM x 61,381 = 2975,37 DM

3) 35,59 DM x 102,379 = 3643,56 DM

4) 28,15 DM x 210,130 = 5915,16 DM

5) 27,83 DM x 20,330 = 565,78 DM

6) 49 : 22,9 = 2,140 = 25 % Zuschlag
   11,80 DM x 22,9 = 270,22 DM + 67,56 DM = 337,78 DM

7) 12,9 : 3,39 = 3,805 = 50 % Zuschlag
   15,70 DM x 3,390 = 53,22 DM + 26,61 DM = 79,83 DM

8) 48,7 : 19,29 = 2,525 = 25 % Zuschlag
   23,70 DM x 19,290 = 457,17 DM + 114,29 DM = 571,46 DM

9) 120 x 600 = 72000 kg
   33,80 DM x 72,000 = 2433,60 DM

10) 80,3 : 30,48 = 2,635 = 25 % Zuschlag
    16,80 DM x 30,480 = 510,72 DM + 127,68 DM = 638,40 DM.

11) 334,15 DM + 100,55 DM = 434,70 DM

12) 1639,64 DM + 819,82 DM = 2459,56 DM

13) 1936,55 DM + 387,31 DM = 2323,86 DM

14) 3534,66 DM + 1060,40 DM = 4595,06 DM

15) 196,50 DM + 58,88 DM = 255,38 DM

# Stichwortverzeichnis

**A**

Abschläge 73 f.
– Seeschiffahrt 66 f.
alternative Frachtberechnung 3, 34
An- und Abfahrtszeit 19
Aufschläge 53
Ausnahmetarife 1, 46 f.

**B**

BAF 66
Bahnhofstarif 32
Barvorschüsse 50
Binnenschiffahrt 78 ff.
Blindenschriftausrüstung 60
Breakpoint 52
Bücher 60
Bunker Adjustment Factor (CAF) 73

**C**

CAF 66
Class Rates 53
Congestion Surcharge (CS) 66, 74
Container 53
Containermieten 45
Currency Adjustment Factor (CAF) 73

**D**

Dauervertragsverhältnis 27
DEGT 32 ff.

**E**

Eigengewicht von beladenen Ladegefäßen 1
Eilgut 35 f.
Einsatzzeit 18
Einstücksendungen bis 25 und 30 kg 44
Eisenbahn-Güterverkehr 32 ff.
Entfernungsanzeiger 32

Ermäßigungen 53
explosive Stoffe und Gegenstände 38 f.

**F**

Fahrzeuge mit Allrad-Antrieb 28
Fehlgewicht 5 f.
flüssiger Verkehr 25
fob-Wert-Staffel 66, 71 f.
Frachtberechnung 42
– besondere Vorschriften 7 ff.
Frachtberechnungsmindestgewicht 33 f.
Frachtentafel 1
Frachten- und Tarifanzeiger der Binnenschiffahrt 78
Frachtrate 52
Frachtsätze 1
– für Getreide 18
– für schüttbare Güter 18
FTB 78

**G**

Garantieleistungen 12 f.
gefahrene Kilometer 18
Geländezuschläge 28
General Cargo Rate 52
Gewichtsklassen 3, 23
Gewichtsraten 65, 67
GFT 1
GNT 18 ff.
Güter
– in Sonderzügen 39
– sperrige 7
– ungleich tarifierte 4, 47
Gütereinteilung 1
Güterfernverkehr 1 ff.
Güterfernverkehrstarif 1
Güternahverkehr 18 ff.

**H**

Hausfrachten 47
Heavy Lift 67

**I**

Isothermzuschlag 9 f.

**K**

Kataloge 60
Kippfahrzeuge 28
Kleincontainer 45
Kleinwasserzuschlag 79, 81
konsekutive Erhebung 76
konsekutive Methode 76
konsekutive Seefrachtberechnung 67
Kühlwagenzuschlag 36 f.

**L**

Lademittel 45
Ladungen 3
Ladungsklasse
 – A/B 3
 – E 3
 – F 3
Längenzuschlag 77
Langholz- und Langeisenfahrzeuge 28
Laststrecke 22
Last- und Leerkilometer 19
Leerfahrten 13
Leerlauf 40
Leistungssätze 18
Lieferwertangabe 49
Long Length 67
Luftfrachtraten, allgemeine 52
Luftfrachtverkehr 52 ff.

**M**

Magazine 60
Margen 18
 – erweiterte 27
Margentarif 1
Maß-/Gewichtsrate 66
Maßraten 65, 68
Maßstaffel 66, 70
Mehrschichteinsätze 20
Mengenrabattraten 52, 57 f.
Mindestfrachtbeträge 59
Mindestfrachten 78
Mindestgewicht 3, 23
Multiplikator 69

**N**

Nachnahme 50
Nebenentgelte 49 f.
Nebengebühren 13, 28
Nebengebührentarif 1
Nettoentgelt 1
Normal-Rate 52
Normalraten 55
Nutzlast 22
Nutzlaststufe 19

**P**

paariger Verkehr 12 f., 26
Packmittel, gebrauchte 8
Paletten 45, 53
Palettengebühren 46
Partiefracht 48 f.
Pauschalraten 67, 76
Pausen 19
Privatwagen 40

**Q**

Quantity Rate 52

**R**

radioaktive Stoffe 37 f., 44
rate 52
Ratengruppen 52 f.
Rauminhalt 43
Reduction 53
Reisegepäck, unbegleitetes 60
Rundungsregeln 23, 33, 42

**S**

Schienenfahrzeuge auf eigenen Rädern 39 f.
Schnellieferzuschlag 10 f.
Schwergewichtszuschlag 77
Seeschiffahrt 65
Sicherheitszuschlag 39
Silofahrzeuge 24
Sofortrabatt (SF) 67, 74 f.

Solosätze 25
Specific Commodity Rate 53
sperrige Sendungen 80
sperrige Stückgüter 43
Sperrigkeitszuschläge 78 f.
Spezialfrachtraten 53
Spezialraten 62 f.
Standgeld 13
sterbliche Überreste 60
Steuern, vorausgelegte 50
Straßenbaumaterial 25
Stückgut 1 f., 32, 42 f.
Stückgut- und Partieladungstarif (Rhein und Nebenwasserstraßen) 78
Stundensätze 18
Surcharge 53

## T

TACT 52
TACT North America 52
TACT rules 52
TACT worldwide (exept North America) 52
Tages- und Kilometersätze 18
Tarifbestimmungen für Beförderung von Militärgütern 1
Tarifentfernungen 1
Tariftafeln 18
The Air Cargo Tariff 52
Tiere, lebende 60

## U

Überlänge 8
ULD-Tarife 53
Umrechnung der Seefrachtraten 67, 77
Unit Load Device Rate 53

## V

Volumen-Kilogramm 55

## W

Wagenladung 52
Warenklassenraten 53, 60 f.
War Risk (WR) 66, 74
Warte- und Stehzeit 19
Wartezeiten, zusammenhängende 28
Werbe- und Abfertigungsvergütung 14, 29
Wertfrachten 61

## Z

Zeitrabatt 66
Zeitschriften 60
Zeitungen 60
Zölle, vorausgelegte 50
Zugsätze 25
Zuschläge 28, 73 f.
 – Seeschiffahrt 66 f.
Zwischenortsverkehr 48 f.

Printed by Libri Plureos GmbH
in Hamburg, Germany